新型职业农民培育教材

鸡鸭养殖与疾病防治技术

主　编：岳建国

副主编：李　敏

参　编：周立新　李俐睿　王定国
　　　　石　湉　周潇潇　罗培林
　　　　刘金鑫

电子科技大学出版社
University of Electronic Science and Technology of China Press
成都

图书在版编目（CIP）数据

鸡鸭养殖与疾病防治技术／岳建国主编． –成都：
电子科技大学出版社，2018.3

ISBN 978 – 7 – 5647 – 6536 – 1

Ⅰ．①鸡… Ⅱ．①岳… Ⅲ．①鸡 – 饲养管理②鸭 – 饲
养管理③鸡病 – 防治④鸭病 – 防治 Ⅳ．①S83②S858.3

中国版本图书馆 CIP 数据核字（2018）第 165237 号

鸡鸭养殖与疾病防治技术
岳建国　主编

策划编辑	辜守义
责任编辑	辜守义
封面设计	杨　力

出版发行　电子科技大学出版社
　　　　　成都市一环路东一段 159 号电子信息产业大厦　邮编 610051
主　　页　www.uestcp.com.cn
服务电话　028 – 83203399
邮购电话　028 – 83201495

印　　刷　成都蜀通印务有限责任公司
成品尺寸　140mm×203mm
印　　张　5.25
字　　数　120 千
版　　次　2018 年 3 月第一版
印　　次　2018 年 3 第一次印刷
书　　号　ISBN 978 – 7 – 5647 – 6536 – 1
定　　价　18.00 元

新型职业农民培育教材
编　委　会

编 者 的 话

为贯彻落实党的十九大关于实施乡村振兴战略的决策部署和中央一号文件关于全面建立职业农民制度的指示精神，加快培育高素质新型职业农民，我们组织有关高等院校、科研院所的涉农教师以及长期从事农业技术推广工作的资深专家，对原有的新型职业农民科技培训教材进行了修编。修编教材具有较强针对性和实用性，是目前国内同类教材中最新的一套培训教材，可更好地满足各地新型职业农民培训需要。

修编教材采用了国家最新标准、法定计量单位和最新名词、术语，并力求做到内容浅显易懂、图文并茂，让农民朋友易于学习、掌握。目前已完成修编的教材有 7 本，涵盖种植、养殖两个大类。

由于编写时间较为仓促，教材中难免存在不足和错误，诚恳希望各位专家和广大读者批评指正。

《新型职业农民培育教材》编委会

2018 年 6 月

目 录

第一章　养　鸡

第一节　品　种

家禽育种是用现代育种方法，将原有标准品种通过杂交方式育成各具特点的专门化品系，选出具有高度杂交优势的杂交组合，配套生产杂交鸡，供商品鸡场饲养，生产蛋肉产品。现代养鸡按经济用途分为蛋鸡系、肉鸡系和肉蛋兼用型。

一、蛋鸡

蛋鸡系的品种主要用于繁殖商品蛋鸡生产商品蛋。商品蛋鸡按蛋壳颜色分为白壳蛋鸡系、褐壳蛋鸡系和粉壳蛋鸡系。

（一）白壳蛋鸡系

产白壳蛋的杂交鸡主要是以来航品种为基础育成的，是蛋用型鸡的典型代表。这种鸡开产早、产蛋量高、无就巢性、个体小、耗料少，饲料报酬高，单位面积饲养密度大，适应性强，各种气候条件下均可饲养，适合集约化笼养管理。但它的蛋重小，神经质，胆小怕人，抗应激差，好动爱飞，啄癖多，特别是开产初期啄肛造成的伤亡率高。在我国，白壳蛋鸡主要有以下几种。

1

1. 伊莎巴布考克 B-300 白壳蛋鸡

该品种是目前世界上著名的蛋鸡品种，生产性能高，饲料转化率不高，死亡率低。商品代鸡 20 周龄成活率为 97%，18 周龄体重 1.29kg，18 周龄耗料 6.02kg，高峰期产蛋率达到 93%，72 周龄产蛋 290 个，平均蛋重为 62g。

2. 海兰 W-36 白壳蛋鸡

该品种可凭快慢羽自别雌雄，母雏为快羽，公雏为慢羽。商品代鸡 0~18 周龄成活率 97%，耗料 5.67kg；18 周龄体重 1.28kg；开产日龄 159 天，平均蛋重 62g；72 周龄产蛋 292 个，72 周龄体重 1.76kg，料蛋比（2.1~2.3）:1。

3. 尼克白蛋鸡。

18 周龄平均体重 1.3kg，1~18 周龄耗料 5.5kg，1~18 周龄成活率 95%~98%；平均开产日龄 145~153 天，产蛋率 90% 以上持续时间为 16~21 周，产蛋率 80% 以上持续时间 34~43 周；80 周龄入舍母鸡产蛋 325~347 个，20.8kg，平均蛋重 61g；80 周龄母鸡平均体重 1.78g；19~80 周龄料蛋比（2.1~2.3）:1，19~80 周龄成活率 89%~94%。

4. 星杂 288 白蛋鸡

20 周龄平均体重 1.3~1.4kg，平均开产日龄 161 天；72 周龄入舍母鸡产蛋 260~285 个，产蛋 16~17.5kg，平均蛋重 62g；21~72 周龄料蛋比为（2.25~2.4）:1。

5. 迪卡白

美国迪卡布公司育成的配套杂交品种。据德国 1988~1989 年抽样测定资料：500 日龄产蛋 299.5 枚，平均蛋重 61.1g，总蛋重 18.26kg，料蛋比为 2.4:1，产蛋期存活率 97.9%。迪卡白祖代鸡目前已被山东济宁市祖代种鸡场引进。

6. 海赛克斯白

荷兰优利市里德公司育成的四系配套杂交鸡，以产蛋强度高、蛋重大而著称，是当代高产的白壳蛋鸡之一。开产日龄为135～140日龄，160日龄产蛋率达50%，72周龄产蛋量274.1枚，平均蛋重60.4g，每kg蛋耗料2.6kg，产蛋期存活率92.5%。

7. 雅康蛋鸡

18周龄平均体重1.5kg，1～20周龄耗料7.7～8.0kg；1～20周龄成活率95%～97%，平均开产日龄152～161天；76周龄入舍母鸡产蛋337个，平均蛋重63g；21～80周龄成活率94%～96%。

（二）褐壳蛋鸡系

褐壳蛋鸡在集约化养禽业中使用的时间比白壳蛋鸡要晚。它的优点是：蛋重大，蛋的破损率较低，适于运输和保存；鸡性情温顺，对应激因素的敏感性较低，好管理，产肉量高。商品代小公鸡生长较快，耐寒性好，淘汰率较低，杂交鸡可羽色自别雌雄。缺点是：每天耗料比白壳蛋鸡多5～6g，单位面积上收得的蛋少5%～7%，耐热性较差，蛋中血斑率高，感观不太好。目前我国饲养的主要品种如下所述。

1. 伊莎褐壳蛋鸡

商品代鸡18周龄成活率达到97%，18周龄体重为1.54～1.6kg，开产日龄161天，26周龄高峰产蛋，76周龄产蛋320～330个，全期平均蛋重62.8g，料蛋比为（2.06～2.16）:1。

2. 伊莎新红褐蛋鸡

商品代鸡18周龄成活率达到98.5%，18周龄体重1.75kg，开产周龄19～20周，高峰期95%以上产蛋时间17周龄，72周龄产蛋315～325个，全期平均蛋重65g，料蛋比为（2.07～2.13）:1。

3

3. 罗曼褐壳蛋鸡

该蛋鸡品种生产性能优异、成活力强、适应性好。商品代鸡开产日龄152~158天，72周龄产蛋285~295个，平均蛋重64g；20周龄耗料7.4~8kg，21~72周龄耗料44.2kg，料蛋比为为（2.3~2.4）:1；20周龄体重1.5~1.6kg，72周龄体重2.2~2.4kg；20周龄成活率97%~98%，1~72周龄存活率94%~96%。

4. 新罗曼褐壳蛋鸡

该品种目前已取代罗曼鸡。商品代鸡开产日龄150~160天，72周龄产蛋290~300个，平均蛋重64g；20周龄耗料7.4~7.8kg，产蛋期平均耗料112~122g，料蛋比为（2.1~2.3）:1，20周龄体重1.5~1.6kg，72周龄体重1.9~2.2kg；20周龄成活率达97%~98%，1~72周龄存活率94%~96%。

5. 海兰褐壳蛋鸡

该蛋鸡品种具有抗马立克病和白血病的基因。0~18周龄成活率96%~98%，耗料6.8kg。18周龄体重1.66kg；开产周龄22周，72周龄产蛋290~310个，平均蛋重66.8g。

6. 尼克红蛋鸡

18周龄平均体重1.5kg，1~18周龄耗料6.1~6.4kg，1~18周龄成活率96%~98%；平均开产日龄140~150天，产蛋率90%以上持续时间为16~20周，产蛋率80%以上持续时间34~42周；80周龄入舍母鸡产蛋349~359个，19.1~20.6kg，平均蛋重62.5~63.5g；80周龄母鸡平均体重1900~2200g；19~80周龄料蛋比为（2.0~2.2）:1，19~80周龄成活率91%~94%。

7. 巴布考克B-380蛋鸡

18周龄平均体重1.6kg，1~18周龄耗料6.85kg，1~18

周龄成活率98%；平均开产日龄 140～147 天，高峰产蛋率95%；76 周龄入舍母鸡产蛋 337 个，21.16kg，平均蛋重63g；76 周龄平均体重 1.95～2.05kg；19～76 周龄料蛋比为 2.05:1，19～76 周龄成活率93%。

8. 罗斯褐壳蛋鸡

18 周龄平均体重 1.4kg，1～18 周龄耗料 7kg；平均开产日龄 126～140 天；76 周龄入舍母鸡产蛋 292 个、23.1kg，平均体重 2.2kg；19～76 周龄料蛋比为 2.43:1。

9. 海塞克斯褐壳蛋鸡

商品代鸡 0～18 周龄成活率97%，18 周龄体重 1.4kg，耗料 5.8kg；开产日龄 158 天，72 周龄产蛋 300 个，平均蛋重60.7g。

10. 迪卡·沃伦褐壳蛋鸡

该蛋鸡品种饲养效益高，生产性能稳定可靠，商品代鸡生产性能，20 周龄成活率97%；开产日龄 161 天；20 周龄体重 1.7kg，72 周龄产蛋 280～300 个，20 周耗料 7.7kg，料蛋比为（2.28～2.43）:1。

11. 星杂 579 褐蛋鸡

20 周龄平均体重 1.5～1.7kg，平均开产日龄 168 天；72 周龄入舍母鸡产蛋 250～270 个，平均蛋重63g；21～72 周龄料蛋比为（2.6～2.8）:1，成活率92%～94%。

（三）粉壳蛋鸡

粉壳蛋鸡是用褐壳蛋鸡与白壳蛋鸡通过正反反复交配法育成的杂交鸡，有二元杂交鸡，也有三元杂交鸡，蛋壳的颜色介于褐壳蛋和白壳蛋之间，呈浅褐色，俗称粉壳蛋。属于这类鸡的体重、蛋重、产蛋数均介于褐壳蛋鸡和白壳蛋鸡之间，该类型的鸡有引进的，也有我国自行培育的。

1. 罗曼粉壳蛋鸡

罗曼粉壳蛋鸡由德国罗曼家禽育种公司育成。特点是产蛋率高、抗病力更强、耗料低。种母鸡白羽，0～18周成活率97%，产蛋期成活率95%，50%产蛋日龄150天，高峰产蛋率94%，72周龄产蛋295～305个，蛋重61～62g，0～20周龄耗料量：7.4～7.8kg，料蛋比为2.0～2.2:1。

2. 尼克珊瑚粉壳蛋鸡

尼克珊瑚粉壳蛋鸡是由美国尼克国际公司育成。特点是开产早、产蛋多、体重小、耗料少、适应性强。父母代生产性能：0～20周龄成活率为95%～98%，68周龄产蛋255～265个。0～18周成活率为98%，产蛋期成活率为95%～96%，50%产蛋日龄140～150天，18周龄体重1400～1500g，0～18周龄耗料5.5～6.2kg，80周龄产蛋量325～345个，平均蛋重60～62g，料蛋比为2.1～2.3:1，产蛋期成活率89%～94%。

3. 京白939粉壳蛋鸡

京白939粉壳蛋鸡是北京种禽公司培育的粉壳蛋鸡高产配套系。它具有产蛋多、耗料少、体型小、抗逆性强等特点。商品代能进行羽速鉴别雌雄。生产性能：0～20周龄成活率96%～98%；20周龄体重1.46kg；50%产蛋率平均日龄155～160天；高峰期最高产蛋率96.5%；72周龄入舍鸡产蛋数270～280个，72周龄入舍鸡产蛋量16.74～17.36kg；21～72周龄成活率92%～94%；21～72周龄平均料蛋比为2.30～2.35:1。

二、肉鸡品种

我国肉鸡饲养主要包括快大型肉鸡和优质型肉鸡两大类。快大型肉鸡大多从国外引进，主要为白羽，具有生长快、体形大和饲料报酬率高等特点；优质型肉鸡主要是我国地方性品种，多为黄羽、麻羽，生长周期较长，消费与饲养区域主要在长江以南地区。

（一）快大型肉鸡

从国外育种机构引进的肉鸡品种，具有生长速度快，饲养周期短，饲料报酬高等特点。白色羽毛居多，饲养 6～7 周，平均体重可达 2kg 以上。目前我国引进养殖的最具代表性的品种有以下几种。

1. 爱拔益加（Arbor Acres，简称 AA）

由美国爱拔益加种鸡公司育成的四系配套白羽肉鸡品种，又称 AA 肉鸡。该鸡体形较大，商品代肉用仔鸡羽毛白色，生长发育速度快，饲养周期短，饲料转化率高，耐粗饲，适应性强。商品代肉鸡公母混养 35 日龄体重 1.77kg，成活率 97%，饲料利用率 1.56；42 日龄体重 2.36kg，成活率 96.5%，饲料利用率 1.73，胸肉产肉率 16.1%；49 日龄体重 2.94 kg，成活率 95.8%，饲料利用率 1.901，胸肉产肉率 16.8%。

2. 科宝 500 肉鸡

由美国泰臣食品国际家禽分割公司培育，在美国已饲养 100 多年，现已推广至 50 多个国家，在东南亚各国该种鸡占很大比例。该鸡体形大，胸深背阔，全身白羽，鸡头大小适中，单冠直立，冠髯鲜红，虹彩呈橙黄色，脚高而粗。商品代生长快，40～45 日龄上市，体重达 2kg 以上，肉料比为 1:1.9，全期成活率 97.5%；屠宰率高，胸腿肌率 34.5% 以上，均匀度好，肌肉丰满，肉质鲜美。

3. 罗斯 308 肉鸡

罗斯 308 祖代肉种鸡是美国安伟捷公司的著名肉鸡，其父母代种用性能优良，商品代生产性能卓越，尤其适应东亚的环境特点。罗斯 308 父母代种鸡高峰期周平均产蛋率可达 88%，全期累计产合格种蛋 177 枚。罗斯 308 父母代种鸡全期平均孵化率86%，累计生产雏鸡149只。罗斯308商品肉鸡可以混养，也可以通过羽速自别雌雄。7周龄末平均体重可达3.05kg，可以提早出栏，大大降低了肉鸡饲养后期的风险。罗斯308商品肉鸡饲料转化率高，42日龄料肉比1.7:1，49日龄料肉比1.82:1。

4. 哈巴德肉鸡

哈巴德肉鸡由美国哈巴德公司育成。该肉鸡不仅生长速度快，而且具有伴性遗传特点，通过快慢羽自别雌雄。该鸡羽毛为白色，蛋壳褐色。父母代种鸡64周龄入舍母鸡产蛋180枚，入孵蛋孵化率84%。商品代肉鸡42日龄体重1.41kg，料重比为1.92:1。

5. 快速型三黄鸡

以长江中下游的上海、江苏、浙江和安徽等省（市）为主要市场。要求49日龄的公母鸡平均上市体重为1.3~1.5kg，1kg以内开啼的小公鸡最受欢迎。该市场对生长速度要求较高，对"三黄"特征要求较为次要。以粤禽黄"882"为代表，是体形大、生长速度快、含有一定肉用仔鸡品种血缘的"快大型"三黄鸡。

（二）优质型肉鸡

多指我国优良地方肉鸡品种，具有生长发育缓慢、生产周期长和肉质优良等特点。一般饲养3~5个月，体重达1.2~1.5kg，不同品种生长周期差异较大。部分具有代表性品种如下：

1. 湘黄鸡

湘黄鸡是湖南的优良地方鸡种。以三黄（毛黄、嘴黄、脚黄）为主要标志。体形大小适中，结构匀称，前胸较宽，背腰平直，体躯稍短，呈椭圆形，性成熟早（平均125天），公鸡羽毛为金黄色和淡黄色，色泽鲜艳，颈部覆有金黄色羽毛，腹部羽毛较背部羽毛略浅，主翼羽和主尾羽为黑色。母鸡全身羽毛为淡黄色，也有黄色，为湖南省出口的主要鸡种。成年公鸡重 1460g，母鸡重 1280g。母鸡平均开产日龄 170 日。500 日龄平均产蛋 125 枚，平均年产蛋 161 枚，平均蛋重 41g。湘黄鸡以湘江中游的衡阳、湘潭及益阳出产为盛。

2. 矮脚黄鸡

该鸡系广东温氏食品集团有限公司核心品种矮脚黄鸡的品牌产品。其嘴、脚和毛皆为黄色，所有"温氏矮脚黄鸡"均属于三黄鸡类，采用农家传统方式放养。具有口感鲜滑的特点，冠头高、红润，脚胫矮细，毛色纯黄，羽毛紧凑、贴身。矮脚黄鸡开产日龄 130～150 日，开产体重 1.15～1.2g，蛋重 42～46g。温氏矮脚黄公鸡饲养周期为 60 天，成鸡均重 2kg。矮脚黄母鸡饲养周期为 80 天，成鸡均重 1.4kg。对环境适应能力较强，适合于笼养和放养。

3. 固始鸡

固始鸡主产于河南固始县，是我国著名的肉蛋兼用型地方优良鸡种。固始鸡母鸡产蛋较多，蛋大，蛋清较稠，蛋黄色深，蛋壳厚，耐储运。公鸡毛呈金黄色，母鸡以黄色、麻黄色为多，青腿青脚青喙，体形中等，具有耐粗饲、抗病力强、肉质细嫩等特点。固始鸡性成熟较晚，开产日龄平均为 205 日，最早的个体为 158 日，开产时母鸡平均体重为 1299.7g。年产蛋为 130～200 枚，平均蛋重 50g，蛋黄颜色较深。成年公鸡体重 2.1kg，母鸡体重 1.5kg。

4. 广西黄鸡

广西黄鸡主要产于广西壮族自治区，主要分布在广西桂东南部的桂平、平南、藤县、苍梧、贺州市、岭溪、容县等地。

因其母鸡黄羽、黄喙、黄脚而得名。公鸡羽毛酱红色，颈羽颜色比体羽浅，翼羽常带黑边，尾羽多为黑色。母鸡均为黄羽，但主翼羽和副翼羽常带黑边或黑斑，尾羽也多为黑色。单冠，耳叶红色，虹彩呈橘黄色；喙与胫黄色，也有白色胫；皮肤白色居多，少数为黄色。成年鸡体重：公鸡重 1980～2320g，母鸡重 1390～1850g。母鸡平均开产日龄 165 日，早者 135 日；平均年产蛋约 77 枚，蛋均重 41g。

5. 大骨鸡

大骨鸡原产于辽宁省庄河县，公鸡重 2900g，体躯高大、雄伟健壮，头颈、背腹部为火红色，尾羽、镰羽上翘，与地面成 45°角，黑色并带有墨绿色光泽；母鸡多呈麻黄色，母鸡重 2300g，尾羽短，稍向上为黑色，头颈粗壮，眼大明亮，喙、胫、爪黄色，单冠。冠、肉髯、耳叶红色。平均年产蛋 160 个，平均蛋重 63g。蛋壳深褐色。

6. 清远麻鸡

原产于广东省清远县，体型特征可概括为"一楔""二细""三麻身"。"一楔"是指母鸡体型像楔形，前躯紧凑，后躯圆大；"二细"是指头细、脚细；"三麻身"是指母鸡背羽面主要有麻黄、麻棕、麻褐三种颜色。公鸡颈部长短适中，头颈、背部的羽为金黄色，胸羽、腹羽、尾羽及主翼羽为黑色，肩羽、鞍羽为枣红色。公鸡 2180g，母鸡 1750g，年产蛋数为 70～80 个，平均蛋重为 46.6g，蛋壳浅褐色。

（三）肉蛋兼用型鸡

肉蛋兼用型鸡既可用于生产商品蛋，也可用作肉鸡生产，适合小规模集约化养殖，也适合农家放牧饲养。肉蛋兼用型鸡同样来自国外的。部分具有代表性的品种见表 1-1。

表1-1 部分肉蛋兼用型鸡的品种

品种	原产地	外貌特征	成年体重	产蛋性能	当前应用
白洛克鸡	美国	白羽、单冠、黄肤黄胫	公鸡 4000 ~ 4500g，母鸡 3000 ~ 3500g	平均年产蛋160 ~ 180个，蛋重60g	白羽肉鸡母系
芦花洛克鸡	美国	芦花羽、单冠、黄肤黄胫	公鸡 4000g，母鸡 3000g	平均年产蛋180 ~ 250个，蛋壳褐色	部分褐壳蛋鸡母系
洛克红鸡	美国	红羽、黄肤黄胫，单冠或玫瑰冠	公鸡 3500 ~ 3800g，母鸡 2200 ~ 3000g	平均年产蛋160 ~ 180个，蛋重60 ~ 65g，蛋壳红褐色	
澳洲黑鸡	澳大利亚	黑羽、黑胫	公鸡 3750g，母鸡 2750g	平均年产蛋160个，蛋重60g，蛋壳褐色	
新汉夏鸡	美国	羽毛樱桃红色、带有黑点	公鸡 3800g，母鸡 2900g	平均年产蛋180 ~ 220个，蛋重56g ~ 60g，蛋壳褐色	红羽肉鸡父系
北京油鸡	北京	"三羽"（凤头、毛腿和胡子嘴）	公鸡 2049g，母鸡 1730g	平均年产蛋110个，平均蛋重56g。蛋壳褐色、淡紫色	
萧山鸡	浙江	公鸡黄、红羽单冠，母鸡黄、麻羽、尾羽黑色	公鸡 2759g，母鸡 1940g	平均年产蛋141个，平均蛋重58g	

品种	原产地	外貌特征	成年体重	产蛋性能	当前应用
寿光鸡	山东	黑羽略带墨绿色，颈、趾灰黑，皮肤白色，分大中两型	大型公鸡3610g，母鸡3310g；中型公鸡2880g，母鸡2340g	大型平均年产蛋95个，平均蛋重68g；中型135个，蛋重63g；蛋壳褐色	
崇仁麻鸡	江西	母鸡黄麻或黑麻色，单冠。公鸡棕红羽，黑绿尾羽，胸腹部红黑羽	公鸡1650g，母鸡1200g	500日龄平均产蛋180个，平均蛋重54g。蛋壳浅褐色	

第二节　鸡的繁殖

一、鸡的繁殖生理

鸡的繁殖过程如下所述。

公鸡产生精子
母鸡排卵
$\Big\}$ →受精作用→蛋的形成→产蛋→孵化→出雏

受精过程：受精过程指精子与卵子相互结合，相互同化的过程。卵子排出进入输卵管的漏斗部，大约停留15分钟，遇到精子，卵子激活进行有机分裂发育成一个受精卵；否则卵子下行到膨大部被其所分泌的蛋白包围而无法再受精，这种卵子形成的蛋就是无精蛋。

公鸡交配或人工授精后，部分精子能到达输卵管漏斗部接近卵子，进入卵子穿透卵黄膜的精子有6～20个，只有1个精

12

子的核与卵子发生受精。如果精子数太少，则导致受精率低；精子过多，则由于多精子干扰胚胎致早期死亡。

母鸡经交配或人工授精后，精子从阴道进入低位贮精腺（子宫与阴道联合处），少部分经输卵管前端进入高位贮精腺。当母鸡排卵后，精子从低高位两个贮精腺释放出来发生受精过程。所以鸡精子在输卵管存活有一定的时间，12 天后仍有60%的母鸡产受精蛋，30 天仍有个别受精。经过科学实验证明，受精高峰期在 1 周以内。

（一）公鸡的繁殖生理

1. 公鸡的生殖器官

公鸡的生殖器官由睾丸、附睾、输精管及退化的交配器所构成。

睾丸位于腹腔脊椎两侧、肾脏前叶下方。成熟睾丸重 15～20g，性机能旺盛时，睾丸颜色变白，形状变大，精子大量形成，当性机能减退时则变小。睾丸不仅生成精子还分泌雄性激素。

附睾不发达，位于睾丸内侧凹部，前接睾丸，后接输精管。

输精管左右各一条，是精子成熟的场所，由前至后逐渐变粗形成一膨大部，此处有大量成熟精子，其末端突入泄殖腔内，成为圆锥状的射精管乳头。

交配器官已退化，位于泄殖腔腹面内侧，由八字状襞和生殖突起组成。交配时，充血的八字状襞勃起，围成输精沟，精液由此流入母鸡的阴道口。

2. 精子与性成熟

精子发育经过 4 个时期，即精原细胞，初级精母细胞，次级精母细胞和精子。刚孵出的小公鸡其睾丸的精细管管壁上可见到精原细胞。于 5~6 周龄时精细管发育，精原细胞开始增殖、生长，出现初级精母细胞。约于 10 周龄时，初级精母细胞经染色体减数分裂产生次级精母细胞；12 周龄时，次级精母细胞进行有丝分裂形成精细胞，最后精细胞形成精子。

公鸡一般在 23~24 周龄时性成熟，我国许多地方优良品种性成熟较迟，一般在 25~30 周龄。

鸡的精液由精子和精清组成。鸡精液的量、密度、酸碱度以及精子活力受鸡种、年龄、季节和饲养管理等因素的影响。只有直线运动的精子才具有受精能力。精子头部由顶体和核构成，顶体能分泌一种酶使卵黄膜溶解，帮助精子进入卵子中受精，顶体下端的核含有父本的遗传物质。

（二）母鸡的繁殖生理

1. 母鸡的生殖器官

母鸡的生殖器官包括卵巢、输卵管两大部分，右侧卵巢和输卵管已退化成残迹，所以母鸡只有左侧有生殖器官。

卵巢位于腹腔中线偏左侧，肾脏前叶的前方。它由含有卵母细胞的皮质以及内部的髓质组成，性成熟的母鸡卵巢呈葡萄状，上面有许多大小不同、发育程度不等的白色卵泡，卵泡内含有一个生殖细胞（即卵母细胞）。卵巢能分泌雌性激素，促使输卵管的生长和耻骨及肛门增大张开，以利于产蛋。

输卵管前端开口于卵巢的下方，后端开口于泄殖腔，共分为漏斗部、膨大部、峡部、子宫和阴道 5 个部分。其功能见表1-2。

表1-2　输卵管各部分的功能

输卵管各部位	长度（厘米）	卵在该处停留时间（小时）	功　能
漏斗部	9	0.25	承接卵、受精

输卵管 各部位	长度 （厘米）	卵在该处停留 时间（小时）	功 能
膨大部	33	3	分泌蛋白
峡部	10~12	1.3	形成内外蛋壳膜，注入水分
子宫	10	18~20	分泌子宫液，形成蛋壳，壳上膜着色
阴道	10	几分钟	通过

2. 卵

孵化 5~6 天，雌性胚胎的性腺分化完成。在孵化后期或雏鸡出壳后，卵原细胞变成初级卵母细胞，此阶段将持续数月直到性成熟。排卵前 1~2 小时，初级卵母细胞才发生减数分裂产生一个次级卵母细胞和一个无卵黄的第一极体。所以，从卵巢排出到输卵管漏斗部的卵子只是一个次级卵母细胞，它必须经过受精才能进行有丝分裂而产生成熟的卵细胞及第二极体。如不受精，这个卵子还是处于次级卵母细胞阶段。

从卵巢排出的卵子，立刻被输卵管的漏斗部捕捉而进入输卵管，但当母鸡处于非正常状态或过高的跳跃时，有一些卵不能成功地被漏斗吞入而掉入腹腔，严重时会引起腹腔炎。

3. 产蛋周期与产蛋率

母鸡产蛋有一定的周期性，一个产蛋周期包括"连产"蛋的天数和"间歇"的天数，又称产蛋频率。如某只母鸡连产 3 枚蛋休息 1 天，它的产蛋频率就是 3/4，即 75%。产蛋率表示产蛋强度，它是指在一定时间内的产蛋数与所经历的时间之比。

二、鸡的繁育方法

（一）自然交配

自然交配是由公鸡与母鸡自主进行交配的一种配种方式。

在肉种鸡生产中一般采用网上平养和地面平养相结合的方式，种鸡都是采用自然交配的配种方式。部分蛋种鸡和优质肉种鸡也采用平养方式，也即进行自然交配，因此，自然交配方式主要应用于平养方式的种鸡。

1. 自然交配控制方法

先介绍自然交配的配偶比例。

配偶比例（或称公母配比）是指一只公鸡能够负担配种的能力，即多少只母鸡应配备一只公鸡才能保证正常的种蛋受精率。自然交配的繁殖要求：在种蛋收集的前 1～2 周将公鸡放入母鸡群内。适宜的配偶比例：白壳蛋鸡为 1:（12～15），褐壳蛋鸡、优质肉种鸡为 1:（10～12），快大型肉种鸡为 1:（8～10）。配偶比例适当，对提高繁殖效率有利。若公鸡过少，则每只公鸡所负担的配种任务过大，就会影响精液品质，降低受精率；若是公鸡过多（群体大时），由于"群体次序"的影响，一些健壮好斗的"进攻性"公鸡往往占有较多的母鸡，而一些胆怯的公鸡只能与少许母鸡交配，甚至不能交配。然而那些强壮好斗的公鸡并不一定其种用价值（如遗传品质、精液质量等）就好，而且当其负担的母鸡过多时，势必造成全群受精率的降低。要保证受精率能稳定在较高水平，不仅配偶比例要合适，还应注意选留一定数量的后备公鸡，以防在繁殖生产中个别公鸡因患病、伤残、死亡等原因而不能配种时及时更换或补充。在配种初开始时，后备公鸡可按所需公鸡数量的10%选留。在生产实践中，配偶比例的确定还应考虑多方面的因素。

（1）饲养方式：地面散养时每只公鸡所负担的母鸡数可以多于网上平养。

（2）种公鸡年龄：公鸡的受精能力在 180～500 日龄最

强。为使公鸡有较高的利用率，可利用到 600 ~ 700 日龄。第一个繁殖年度中 45 周龄前的种公鸡的配种能力最强，可适当增大配偶比例，而年龄大的种公鸡则应缩小配偶比例。

（3）配种方式：大群配种每只公鸡负担的配种任务可大于小群配种。

（4）季节：在春、秋季种公鸡性欲旺盛，配偶比例可适当大于严寒、酷暑季节。

（5）种鸡体质：饲养管理条件良好时公鸡体质健壮、精力旺盛，配偶比例可适当加大。在 140 日龄以前是对公鸡外貌进行选择，选雄性特征明显、发育良好、体格健壮、增重快的公鸡；160 日龄后进行采精选择，选性反射好、精液量多质好的公鸡。白痢检测选择，第一次在中雏阶段（14 周龄以前），第二次在配种以前进行。采用鸡白痢平板凝结试验，阳性淘汰。

2. 种鸡配种适龄与使用年限

（1）配种适龄鸡性成熟的主要标志是能够产生成熟的配子，然而性功能要在性成熟后几周才能稳定，若过早用于繁殖生产，则种蛋合格率和受精率都低，种公鸡也易于过早衰退。母鸡一般在 20 周龄即达性成熟，但在其后几周内畸形蛋较多；公鸡约在 12 周龄开始生成精子，并可采得少量精液，然而精液质量还远达不到品质要求标准。

（2）种用年限一般是鸡的产蛋率以第一个产蛋年度为最高，其后每年降低 15% ~ 20%，种公鸡的精液质量也有类似变化。但是第二个产蛋年度蛋壳质量最好，蛋重均匀，且孵化出的雏鸡具有良好的抗病能力。在育种工作中，某些特别优秀的个体可以延长使用 1 ~ 2 个繁殖年度。

3. 自然交配方式

17

（1）大群配种是在一个数量较大的母鸡群体内按性比例要求放入公鸡进行随机配种。母鸡的数量：肉种鸡为 500 ~ 1000 只，蛋种鸡和优质肉种鸡为 500 ~ 1500 只。这种方法的优点是所需公鸡数量较少，如每百只鸡只需 5 ~ 6 只公鸡即可，种蛋的受精率比较高，每只公鸡都有与每只母鸡交配的机会，即便是个别公鸡性功能较差，也不会明显影响全群的配种质量。其缺点是公鸡之间可能会发生啄斗，且不能确定雏鸡的亲本。这种配种方法只能用于种鸡的扩群繁殖和一般的生产性繁殖场。

（2）小群配种对鸡舍内空间进行分隔，使之成为若干个小圈，每个小圈饲养 20 ~ 200 只种鸡。

4. 减少窝外蛋的发生

窝外蛋容易被污染和破损。控制措施包括如下所述。

（1）开产前提前放置产蛋箱或设置产蛋窝。

（2）产蛋箱的数量要足够，如肉种鸡生产中 4 只母鸡要有一个产蛋窝。

（3）产蛋箱（窝）不要放在光线太强的地方。

（4）产蛋窝内的垫料要干净、松软、定期更换，以吸引母鸡进窝产蛋。

（5）注意观察产窝外蛋的个体并及时将其放入产蛋窝。

5. 提高自然交配种鸡种蛋受精率的措施

对于平养的种鸡，要提高其种蛋受精率，需要在生产上采取如下措施。

（1）采用合适的饲养方式：两高一低混合地面的效果优于全网上平养和全地面垫料平养。

（2）做好种鸡的选择，及时淘汰病、弱、残个体。

（3）合理分群：每个鸡舍内要按照鸡只的情况分为若干

个群，便于在饲养管理和卫生防疫方面有区别地采取措施。

（4）及时更换配种能力差的公鸡：育成末期要选留部分后备用公鸡，用于替换配种能力差的公鸡。

（5）公母比例要合适：一般控制为 1:（8～10）。

（6）保证饲料营养完善：避免由于营养不足造成精液质量差或种蛋品质差。

（7）保持鸡群合适的体况：种鸡不能偏肥或偏瘦。

（8）保持适宜的环境条件：尤其是防止夏季高温和冬季严寒带来的不良影响；要保持环境条件的相对稳定，防止环境条件的突然变化。

（9）保持合适的饲养密度：防止饲养密度过高，密度高影响配种且易出现应激。

（10）保证鸡群的健康：只有健康的鸡群才可能获得良好的种蛋质量。

（11）合理设置产蛋箱：以减少窝外蛋的产生。

（12）减少应激的影响：各种应激都会影响到种蛋质量。

（13）控制产蛋后期的种鸡体重：防止过肥。

（二）人工授精

人工授精是通过某些手段采集公鸡的精液，并进行一定的处理（如评定、稀释），再把处理后的精液按一定要求输入母鸡生殖道内以代替鸡自然交配的一种配种方法，主要用于笼养种鸡。

1. 采精用品

（1）采精器械

小玻璃漏斗形采精杯或试管。

（2）贮精器械

可使用 10～15mL 刻度试管。

（3）保温用品

普通保温杯，以泡沫塑料作盖，上面3个孔，分别为集精杯、稀释液管和温度计插孔，内贮30℃～35℃温水。

（4）输精器械

采用普通细头玻璃胶头滴管、输精枪、微量移液器。其他器械和用品：剪刀、显微镜、锅、棉球、卫生纸。

2. 公鸡采精技术

（1）采精前的准备

①种公鸡的选择

除按品种特征、健康状况外，还要选择适合人工授精的个体，即发育良好、有一定营养体况、第二性征明显、性欲旺盛的个体。如公鸡，当提起双翅后尾向上翘或向下压，有性反射。选择时间一般在19周龄前后鸡只达到性成熟后进行。

②隔离与训练

选留的种公鸡应隔离饲养，采用专用的公鸡个体笼饲养。公鸡每天训练1～2次，经3～5天后对大部分公鸡可采取精液。训练期间对精液品质差者、采不出精液者及精液和粪便一起排放者要淘汰。种公鸡条件反射建立起来后再采精就不需要按摩，可以直接挤压泄殖腔就能够采集精液。如果有条件，种公鸡要有专用鸡舍，尽量避免与母鸡同舍饲养，以减少母鸡的惊群。

③种公鸡的特殊饲养

饲料蛋白质在一定范围内可以决定精液浓度：蛋白含量高则浓度大，蛋白含量低则浓度小；多维素的含量则影响精液量，适当增大用量可以提高精液量。因此，在种公鸡饲养中蛋白质和维生素的含量可适当提高。在肉种鸡方面，有人通过实验认为使用粗蛋白质含量为13%～14%的日粮比16%的日粮效果更好。通常种鸡场需要配制专用的公鸡饲料。其中，精氨酸的含量为1.1%，钙的含量限制在1%~2%，粗蛋白质为15.5%，饲料中严格控制棉仁粕、菜籽粕的用量，复合维生素和微量元素中的锌、硒用量比正常添加量增加25%。

④环境条件

种公鸡每天光照时间保持为14~15小时，温度为10℃~30℃，要注意避免温度急剧降低。

⑤剪毛

在采精训练开始之前应将公鸡肛门周围的羽毛剪去，要求公鸡的肛门能够显露出来，以免妨碍采精操作或污染精液。剪毛时剪刀贴近皮肤，但要防止伤及皮肤，然后用蒸馏水擦洗，待稍干后采精。

⑥用具的准备和消毒

根据采精需要备足采精杯、贮精杯等，经高温高压消毒后备用。若用乙醇消毒，则必须在消毒后用生理盐水或稀释液冲洗并经干燥后备用。集精瓶内水温保持30℃~35℃。

⑦人员配备与培训

人工授精人员要有较强的责任心，并经过技术培训。

（2）采精方法

这里主要介绍按摩采精训练方法。这种训练经过7~10天就能够使种公鸡形成条件反射，当采精人员将公鸡从笼内取出后不必继续按摩，可以直接挤压泄殖腔进行采精。但是，没有前期采精训练的鸡，就不能建立条件反射，后期的采精也就不会很顺利。

①双人按摩采精训练

在生产上多数情况下是三人为一个小组，两人抓鸡和保定、一人采精。这种方法主要在大中型种鸡场使用，但在小型种鸡场也可以使用。

鸡的保定：保定人员打开笼门后双手伸入笼内抱住公鸡的双肩，将公鸡头部向前取出鸡笼，用食指和其他3个手指（中指、无名指、小拇指）握住公鸡两侧大腿的基部，并用大拇指压住部分主翼羽以防翅膀扇动，使其双腿自然分开，尾部朝前、头部朝后，保持水平位置或尾部稍高。保定者小臂自然放平，将公鸡固定于右侧腰部旁边，高度以适合采精者操作为宜。对于体型小的公鸡，将其取出鸡笼后，用右手抓住鸡的双翅根部，左手抓住鸡的双腿胫部，放在身体的左前方，使公鸡尾部斜向前上方。也可以采用其他保定方法，只要不对公鸡造成不良刺激、有利于保定和采精操作就可以。

采精操作常见的为背腹结合式按摩法，其操作方法如下所述。采精者右手持采精杯（或试管）夹于中指与无名指或小拇指中间，站在助手的右侧，与保定人员的面向成90°角，采精杯的杯口向外，若朝内时需将杯口握在手心，以防污染采精杯。右手的拇指和食指横跨在泄殖腔下面腹部的柔软部两侧，虎口部紧贴鸡腹部。先用左手自背鞍部向尾部方向轻快地按摩3~5次，以降低公鸡的惊恐感并引起性感，接着左手顺势将尾部翻向背部，拇指和食指分别捏在泄殖腔两侧，中间位置稍靠上。与此同时，采精者在鸡腹部的柔软部施以迅速而敏感的抖动按摩，然后迅速地轻轻用力向上顶压泄殖腔。此时公鸡性感强烈。采精者右手拇指与食指感觉到公鸡尾部和泄殖腔有下压感觉，左手拇指和食指即可在泄殖腔上部两侧下压使公鸡翻出退化的交媾器并排出精液。在左手施加压力的同时，右手迅速将采精杯的口置于交媾器下方承接精液。若用背式按摩采精法时，保定方法同上，采精者右手持杯置于泄殖腔下部的腹部柔软处，左手从公鸡翅膀基部向尾根方向按摩。按摩时手掌紧贴公鸡背部，稍施压力，近尾部时手指并拢紧贴尾根部向上滑过，施加压力可稍大，按摩 3 ~ 5 次，待公鸡泄殖腔外翻时左手放于尾根下，拇指和食指在泄殖腔上两侧施加压力，右手将采精杯置于交媾器下面承接。

②单人按摩采精训练

这种采精方法主要在小型种鸡场或养鸡户使用，其操作方法是：采精者系上围裙，坐于凳子（高度约35cm）上，双腿伸直，左腿压在右腿上，用大腿夹住公鸡双腿，公鸡头部朝向左侧，操作要求同上面方法。训练好的公鸡，一般按摩 2 ~ 3 次便可射精，有些习惯于按摩采精的公鸡，在保定好后，采精者不必按摩，只要用左手把其尾巴压向背部，拇指、食指在其泄殖腔上部两侧稍施加压力即可采出精液。每采完 10 ~ 15 只公鸡精液后，应立即开始输精，待输完后再采。保定和采精操作掌握的原则：不让公鸡感到不舒适，有利于提高采精效率，有利于精液卫生质量的保持。

（3）采精注意事项

①要保持采精场所的安静和清洁卫生。

②采精人员要相对固定，不能随便换人，因为各人按摩的手法轻重不同；采精日程也要固定，以利于射精反射的建立。

③在采精过程中一定要保持公鸡舒适，捕捉、保定时动作不能过于粗暴，不惊吓公鸡或使公鸡受到强烈刺激；否则，会采不出精液、精液量少或受污染。

④挤压公鸡泄殖腔要及时和用力适当，初学者往往挤压过早，即在交媾器未翻出之前就急于挤压泄殖腔，导致采不出精液；有时在交媾器翻出后未及时挤压泄殖腔，致使交媾器回缩。挤压泄殖腔用力要适当，过轻采不出精液，过重会造成损伤，尤其是在某些情况下鸡泄殖腔周围的皮肤发红。按摩时间

过长会引起排粪尿和透明液过多及其他不良反射；按摩的力度适中，力度与人洗脸的力度相似。

⑤整个采精过程中应遵守卫生操作，每次工作前用具要严格消毒，工作结束后也必须及时清洗消毒。工作人员手要消毒，衣服定期消毒。遇到公鸡排粪要及时擦掉，如果粪便污染精液则不要接取；遇到有病的公鸡要标记、隔离，不要采精。

⑥低温季节采出的精液要立即用吸管移至贮精管内置于30℃~35℃的保温杯内，以备使用；也可以把试管握在手中。

（4）采精频率

采精频率指在一定时间内采精的次数。公鸡每次的射精量和精子密度会随着采精频率的升高而减少。如自然交配时公鸡每天交配多达40次，但在3~4次后，其精液中几乎找不到精子。经试验测定，公鸡经过48小时的性休息之后，精液量和精子密度都可以恢复到最好水平。因此，在繁殖生产中鸡的采精次数为每周3次或隔日采精。若配种任务大时，每采两天（每天一次）休息一天。生产中一般是将公鸡分为两批，每天采其中的一批，轮流采精。采精的间隔时间不宜过久，如每6天采一次所得精液量和精子密度与每天采一次相似；若间隔时间超过两周，会使退化的精子数增加，第一次采得的精液应弃之不用。

3. 精液品质评定

（1）射精量

不同种类、品种、个体的公鸡每次射精量也不相同；采精方法、技术水平、家禽体况、采精频率对采精量也都有影响。射精量可以从有刻度的集精杯上直接看出，也可用刻度吸管测量。种公鸡每次的射精量为0.2~0.8mL。

造成公鸡射精量低的原因：健康状况、营养素的缺乏或不足（蛋白质、维生素是主要因素）、饲料毒素（棉仁粕中的棉酚、菜籽粕中的致甲状腺肿大的物质）过量、营养状况不良（公鸡偏瘦）、采精频率高、采精人员技术差或人员不稳定、环境条件不适宜、惊吓等。

（2）精液的外观

正常的精液应为乳白色、不透明的乳状液体。精子密度越高，乳白色越浓；精子密度小，则颜色变浅。若颜色异常，则说明精液受到了污染：呈黄褐色时被粪便污染；呈粉红色是混入了血液；混有尿酸盐时呈白色的絮棉状；透明液过多时则精液呈水渍状。凡被污染的精液，其品质急剧下降，不能再用于输精。

（3）密度估测法

检查应在40℃左右恒温箱内300～400倍显微镜下进行。将一小滴精液置于干净的载玻片上，再加盖盖玻片，放于显微镜下观察。根据视野中精子的分布情况可分为三级。

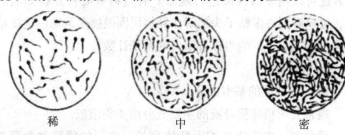

稀　　　　　　　中　　　　　　　密

图1-1　公鸡精液的精子密度估测示意

"密"：整个视野完全被精子占满，精子呈层叠样，上下翻滚，精子间几乎无空隙。这种情况下，每毫升精液中的精子的数量在35亿个以上。

"中"：视野中精子呈层叠样，上下翻滚。精子之间有比较明显的间隙。这种情况下，每毫升精液中精子的数量为20

亿~35亿个。

"稀"：视野中精子之间有较大的空隙，上下翻滚现象不明显。在这种情况下，每毫升精液中的精子数量在20亿个以下。

（4）精子活力检查

取精液、生理盐水各一滴置于载玻片一端混匀，然后用盖玻片盖好进行检查。也可以把经过用生理盐水稀释后（稀释2~4倍）的精液制片后检查。评分可用10级评分法：视野中90%以上的精子呈直线运动，评为0.9；80%~90%的精子呈直线前进运动则评为0.8；10%以下的精子呈直线前进运动，评为0.1。良好的鸡精子活力不低于0.7。

若用五分制时，视野中有80%以上的精子呈直线运动则评为"4"；若20%以下的精子呈直线运动则评为"1"。进行活力检查时应多看几个视野，把各次观察情况进行平均。有条件者还可以用显微投影进行观察。有时精液混有异物如羽屑等，可以看到许多精子头部附在异物周围做摇摆运动，这些精子无受精能力，不能当作有活力的精子计数。

4. 精液稀释

（1）稀释液的基本成分

通常公鸡精液稀释液的主要成分由4类组成。

稀释剂：主要用于扩大精液容量。常用的稀释剂为蒸馏水。

营养剂：主要是为精子的存活提供外源性能源物质。常用的有葡萄糖、果糖、乳糖、鲜奶及奶制品、卵黄、蜂蜜、肌醇、棉籽糖等。

保护剂：主要是对精子起保护作用，使之避免各种不良的理化因素的影响。根据其作用不同，可以分为以下几种。

①用于降低精液中电解质浓度的物质：主要是一些非电解质和弱电解质，如单糖类、磷酸盐类、酒石酸盐等（TES：N－三（羟甲基）甲基－2－氨基乙磺酸，在电解质使用中枸橼酸钠可与氢化钠互换）。

②用于缓冲氢离子浓度的物质：主要是一些弱酸盐类，如枸橼酸钠、磷酸二氢钾、酒石酸钾（钠）、Tris 缓冲液等。

③用于防冷休克的物质，如奶类、卵黄等。

④用于防冷冻结晶的物质，如多羟基类物质如甘油、二甲基亚砜（DMSO）等（甘油的抗冷冻作用好，但对鸡精子的保护作用极差。在甘油中加入一定量的 DMSO 和阿拉伯树胶，则其改良效果明显）。

⑤抗菌物质：用于抑制精液中微生物的繁殖，常用的有青霉素、链霉素、庆大霉素、喹诺酮类、头孢菌素类、磺胺类药物等。

其他成分：

①CO_2：充入稀释液后，二氧化碳与水结合形成碳酸，碳酸在水中解离成 H^+、HCO_3^-，抑制精子的代谢活动。

②催产素、前列腺素（E 型）：可以促进母鸡输卵管的蠕动，有利于精子运动。

③过氧化物酶：分解精子代谢过程中产生的过氧化物。

④淀粉酶：有利于精子获能。

⑤食用染料：作精液冷冻颗粒的标记。

⑥螯合剂：谷氨酸盐、白蛋白等。用以防止有害离子的伤害。

（2）鸡精液常用的稀释液

家禽常用的稀释液可分为两类：第一类稀释液的成分简单，用这类稀释液稀释后马上输精而不进行保存和运输。这些稀释液有：0.9%氯化钠溶液；脱脂牛奶，5.7%葡萄糖溶液，卵黄－葡萄糖溶液（葡萄糖4.25g、卵黄液1.5mL、蒸馏水98.5mL），磷酸盐缓冲液（磷酸二氢钾1.456g，磷酸氢二钾0.837g，100mL蒸馏水）。

第二类稀释液的成分比较复杂，常见的几种稀释液成分如表1－3。这些稀释液用于较长时间保存精液效果很好。

表1－3　常用稀释液成分　　　　（单位：克）

成分 稀释液	LaKe液	BPSE液	BNPIH－2液	Brown液	Macpherson
葡萄糖				0.5	0.15
果糖	1	0.5	1.8		
棉籽糖				3.8644	
乳糖					11
肌醇				0.22	
谷氨酸钠（2H$_2$O）	1.92	0.867	2.8	0.234	1.3805
枸橼酸钠（H$_2$O）				0.231	
枸橼酸钾	0.128	0.064			
枸橼酸				0.039	
醋酸钠（2H$_2$O）	0.851	0.43			
MgCl$_2$	0.068	0.034		0.013	0.0244
TES		0.195		2.235	
K$_2$HPO$_4$·3H$_2$O		1.27			
KH$_2$PO$_4$		0.065			
CaCl$_2$				0.01	

注：（1）各种成分为100mL稀释液的用量。

　　（2）每毫升稀释液中加青霉素1000单位，链霉素1mg。

　　（3）TES为N－三（羟甲基）甲基－2－氨基乙磺酸。

（3）稀释液配制注意事项

①保持操作室的卫生操作前可用紫外线消毒半小时。一切用具都应提前洗净并消毒，有条件时操作过程应该在超净工作台上进行。②稀释液要现配现用若一时用不完应密封后放入冰箱保存，时间不超过 5 天。稀释液干粉可以较长时间保存。③卵黄、抗生素类应在临用时加入，加入时稀释液应冷却到 40℃以下，以防卵黄凝固或抗生素失效。

（4）精液的稀释方法及要求

①精液要求用于稀释保存的精液应是无污染、透明液含量少、精子活力高、密度大的新鲜精液，一般要求精液采出后 10 分钟内要稀释。②稀释要在等温条件下操作稀释液以及与精液接触的器皿的温度要与当时精液的温度接近。③稀释程序稀释时应将稀释液沿玻璃棒缓缓注入精液内，并轻轻晃动玻璃棒搅匀。若进行高倍稀释则应先进行低倍稀释，之后再逐步加入稀释液，以免精子所处的环境改变幅度大而造成稀释打击。④保护精子精液的稀释、混合和转移都应小心、缓慢地进行，不能剧烈振动。稀释过程中要避免强烈光线照射和接触有毒的、有刺激性气味的气体，包括消毒剂。操作过程、环境要卫生。⑤效果检查稀释后要及时进行活力检查，以及时了解稀释效果。尤其是第一次使用稀释液，在稀释后进行活力检查有助于了解稀释液的实用性。

（5）稀释倍数

适宜的稀释倍数可以延长精子的存活时间，但若稀释倍数超过一定的限度，则会降低精子的活力，也往往因为精液容量太大而难以保证每次输精的有效精子数量。精液的稀释倍数取决于：①原精液的精子密度和活力；②每次输精的精液量与所需精子数；③稀释倍数对精子保持受精能力时间的影响；④稀释液的种类。通常所用的精液稀释倍数为 0.5~3 倍，多数情况下按照 1:1 进行稀释；有些稀释液如 BPSE 液可做高倍稀释（经过 10 倍稀释，受精率仍达 90% 以上），而 0.9% 的氯化钠溶液则不能做高倍稀释。

（五）母鸡输精技术

1. 输精方法

输卵管口外翻输精法也称阴道输精法、泄殖腔外翻输精法，是目前养鸡中最常见的输精方法。输精时三人一组，其中两人负责抓鸡和翻泄殖腔，一人输精操作。

（1）抓鸡与翻泄殖腔

如果将母鸡取出鸡笼，在外保定和翻泄殖腔则有两种处理方法：第一种方法是操作时抓鸡人员左手抓住母鸡双翅基部从笼内取出，使母鸡头部朝向前下方，泄殖腔朝上；右手大拇指在母鸡后腹部柔软部位向前稍施压力进行推挤，其余 4 指压在母鸡尾部腹面，泄殖腔即可翻开露出输卵管开口；然后转向输精人员，后者将输精管插入输卵管内即可输精。第二种方法是将鸡拉出笼门，左手握住母鸡的双腿，右手大拇指在母鸡后腹部柔软部位向前稍施压力进行推挤，其余 4 指压在母鸡尾部腹面，泄殖腔即可翻开露出输卵管开口。还有一种方法可以不把母鸡拉出笼外，抓鸡者单手伸入笼内以食指放于鸡两腿之间握住鸡的两腿基部将尾部、双腿拉开笼门（其他部分仍在笼内）。使鸡的胸部紧贴笼门下缘，左手拇指和食指放在鸡泄殖腔上、下侧，按压泄殖腔，同时右手在鸡腹部稍施压力即可使输精管口翻出，输精者即可输精。如果没有翻开鸡的泄殖腔，不要继续用力，说明这只鸡没有产蛋。只要是处于产蛋期间的母鸡，泄殖腔很容易翻开。

（2）输精操作

当抓鸡人员将母鸡的泄殖腔翻开后，输精人员将吸取精液后的输精工具（胶头滴管或专用输精枪、微量移液器等）前端插入输卵管开口内约 2.5cm 深度，按压滴管的胶头或把手将精液注入输卵管内，拔出输精工具后再吸取精液准备下一只鸡的输精。

2. 输精时间

输精时间与种蛋受精率之间有密切关系，当母鸡子宫内有硬壳蛋存在时输精则明显地影响种蛋受精率和受精持续时间。有人通过实验发现，鸡在蛋产出之前输精种蛋受精率仅为 50% 左右，产蛋后 10 分钟内输精种蛋受精率有所提高，而在产蛋 3 小时之后输精，则种蛋的平均受精率超过 90%。因此，应在鸡子宫内无硬壳蛋存在时输精。鸡的产蛋时间集中在上午，在下午 14：00 以后很少产蛋。因此，一般在当天的 14：00—18：00 输精，即便是输精时间推迟到晚上 20：00，也不影响种蛋受精率。

3. 输精间隔

两次输精的间隔时间以 4～5 天为宜。生产上一般把鸡舍内的鸡群分为 4 部分，每天为其中 1/4 部分输精，4 部分全输完后休息 1 天，再开始下一轮输精。

输精间隔超过 7 天，种蛋受精率会受影响。如果间隔时间过短（少于 3 天），也不能提高种蛋受精率。

4. 输精深度

以输卵管开口处计算，输精器插入深度一般要求为 2～3cm。深度不够，输精后容易造成精液回流；深度过大，容易造成输卵管黏膜的损伤。

5. 输精剂量

输精剂量同样会影响种蛋受精率。若用未经稀释的原精液输精，每只鸡每次为 0.025～0.03mL；若按有效精子数计算，每次输入量为 0.5 亿~0.7 亿个，总精子数约为 1 亿个。

6. 输精注意事项

（1）保证精液新鲜。精液采出后应尽快输精，未稀释（或用生理盐水稀释）的精液要求在半小时输完。

（2）精液应无污染。凡是被污染的精液必须丢弃，不能用于输精。

（3）输精剂量要足够。要保证每次输入足够的有效精子数，每只鸡每次输精按照原精液应为 0.25mL，其中含具有受精能力的精子不少于 0.7 亿个。

（4）减少对母鸡的不良刺激。抓取母鸡和输精动作要轻缓，插入输精管时不能用力太大以免损伤输卵管。输精后放母鸡回笼时也应该注意减少对母鸡可能造成的损伤。

（5）防止精液回流，输精深度合适。在输入精液的同时要放松对母鸡腹部的压力，防止精液回流。在抽出输精管之前，不要松开输精管的皮头，以免输入的精液被吸回管内，然后轻缓地放回母鸡；输精时防止滴管前端有气柱而在输精后成为气泡冒出。

（6）注意输精卫生。每输精一只换一把输精器是最卫生的，但是实际生产中很难做到，操作中要多备几套，每输 1 只要用棉球或软纸擦净输精滴管后再用。当输完约 20 只鸡后换 1 个输精滴管。若发现患病母鸡，应及时隔离，不对其输精以防精液污染和疾病传播。输精时遇到母鸡排粪，要用软纸擦净后再输。

（7）防止漏输。第一，在一管精液输完后要做好标记，下一管精液输精时不会弄错位置；第二，防止抓错鸡；第三，输精时发现母鸡子宫部有硬壳蛋时，可以将其放在最后输精。

（8）人员相对固定。人员不固定常常造成鸡只受惊吓，也会影响受精率。

（9）不要对母鸡后腹部挤压用力太大。由于产蛋鸡腹腔内充满消化器官和生殖器官，如果用力太大，则会造成这些器官的损伤。

第三节　种蛋的孵化

一、种蛋的构造和形成

（一）蛋的结构　蛋由蛋黄、蛋白、胚盘（胚珠）、蛋壳膜、蛋壳五部分组成（见图1-2）。

1. 蛋黄

位于蛋的中央，蛋黄外面有一层极薄且有弹性的膜称蛋黄膜。在蛋黄上有一白色圆点，未受精的称胚珠，已受精的称为胚盘，胚盘发育成胚胎。

2. 蛋白

蛋白是带黏性的半流动透明胶体。蛋白从外到内依次为外稀蛋白、浓蛋白、内稀蛋白和最浓蛋白四层。在最浓蛋白层由于蛋黄的旋转形成螺旋状的系带，系带起固定蛋黄的作用。种蛋在运输过程中若受到剧烈振动，会引起系带断裂。种蛋存放时间过长，浓蛋白变稀，系带与蛋黄易脱离。在种蛋的运输和存放中应尽量避免上述情况出现，否则将会影响孵化效果。

3. 胚盘（胚珠）

胚珠是位于蛋黄中央且被蛋黄膜包裹的一个小白色圆点。胚盘分为明区和暗区，中央透明较薄部分为明区，周围较厚不透明部分称为暗区。胚珠无明暗之分。

4. 蛋壳膜

蛋壳膜分内壳膜和外壳膜两层。内壳膜包围蛋白，外壳膜紧贴蛋壳，内壳膜可防止微生物的侵入。两层膜紧贴在一起，只有在蛋的钝端形成一个空间，叫气室。随着蛋存放和孵化时间的延长，蛋内水分不断蒸发，气室将逐渐增大。

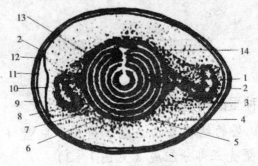

图1-2　禽蛋的结构

1. 胶护膜；2. 蛋黄系带；3. 内浓蛋白；4. 外稀蛋白；5. 内稀蛋白；6. 蛋黄膜；7. 黄蛋黄；8. 白蛋黄；9. 外壳膜；10. 内壳膜；11. 气室；12. 蛋壳；13. 卵黄心；14. 胚盘（胚珠）

5. 蛋壳

蛋壳为蛋最外层的硬壳，蛋壳上有许多小气孔，胚胎发育过程中通过气孔进行气体交换。新鲜蛋的蛋壳表面有一层胶护膜，可防止微生物的侵入和蛋内水分的过分蒸发。但是，随着种蛋存放时间的延长或孵化，会使胶护膜逐渐脱落，洗涤种蛋也会使胶护膜脱落。

（二）蛋的形成

性成熟的母禽在卵巢上有若干大小不等的卵泡，每个卵泡中含有一个卵子，成熟的卵子由卵泡中掉出，落入输卵管的伞部中，这个过程称为排卵。输卵管伞部是卵子与精子结合受精的场所。卵黄随输卵管的蠕动到达蛋白分泌部，蛋白分泌部分泌不同浓度的蛋白包围在卵黄周围，到达输卵管峡部形成内、

34

外蛋壳膜，进入子宫后由子宫分泌的子宫液渗入壳膜内，使蛋白重量增加和壳膜鼓起而形成蛋形，子宫部分泌的钙质和色素形成蛋壳和壳色。另外，在子宫部形成胶护膜包围蛋壳外表。蛋在子宫内停留时间可达 18～20 小时，在神经及生殖激素的作用下经过阴道部产出。

二、种蛋的选择、消毒、保存和运输

（一）种蛋的选择

1. 种蛋选择的意义

种蛋质量的好坏，不仅是孵化经营成败的关键之一，对雏鸡质量以及对成鸡的生产性能都有较大影响。种蛋质量好，则胚胎的生活力强，供胚胎发育的各种营养物质丰富，孵化率高，雏鸡质量好；种蛋质量劣，即使有好的孵化条件，孵化率也很低。因此，应对种蛋进行严格挑选，不合格的种蛋不能用来孵化。合格种蛋与不合格种蛋的孵化成绩见表 1-4。

表 1-4 合格种蛋与不合格种蛋的孵化成绩

项 目	受精率（%）	受精蛋孵化率（%）	入孵蛋孵化率（%）
正常蛋	82.3	87.2	71.7
裂壳蛋	74.6	53.2	39.7
畸形蛋	69.1	48.9	33.8
薄壳蛋	72.5	47.3	34.3
气室不正常蛋	81.1	68.1	53.2
大血斑蛋	78.7	71.5	56.3

2. 种蛋的选择方法

种蛋的选择，首先要注意种蛋的来源，其次才是选择的具体方法。由于种蛋品质的优劣是由遗传和饲养管理决定的，因此选购种蛋时，最好购自生产性能高而稳定，繁殖力强，无经蛋传播的疾病（如白痢、支原体病）、饲喂全价饲料和管理完善的种鸡群。尤其应注意不要购自患病初愈或有慢性病的鸡群。如何对种蛋进行选择呢？可从以下几个方面入手。

（1）来源。种蛋应来源于公母比例恰当、高产健康的良种禽群。一般要求蛋用型种鸡种蛋受精率达90%以上，肉用型种鸡达85%以上，种鸭达80%以上。刚开产母禽蛋重小，受精率低，不宜做种用。发生过任何传染病的禽群种蛋，都不宜利用。为了防止营养缺乏而导致胚胎在孵化期中死亡，种禽应喂给全价饲料。

（2）新鲜度。用于孵化的种蛋愈新鲜，孵化率越高，雏鸡的体质越好。新鲜蛋表面有一层胶护膜，有光泽度，气室较小，蛋黄位于蛋的中心呈圆形并且蛋黄膜完整。

（3）外观。

蛋重：蛋重与品系、品种、杂交和家禽个体有关，尽可能选择符合本品种要求的蛋。过大，孵化率下降；过小，雏鸡体重小。一般雏鸡体重为蛋重的62%～65%。

蛋形：以卵圆形最好。过长、过圆、腰凸、两头尖的蛋必须剔除。蛋形一般常用蛋形指数来表示，纵径和横径之间的比率为1.30～1.35。

蛋壳厚薄：蛋壳厚度在0.33～0.35mm时（如砂皮蛋、皱纹蛋）为薄皮蛋，这种蛋水分蒸发较快，易被微生物侵入，又易破损，不能做种蛋；蛋壳较厚（0.45mm以上）也不宜做种蛋，这种蛋孵化时水分蒸发较慢，雏出时因不易啄壳而往往被闷死。

蛋壳颜色：应符合本品种要求，如白色单冠来航鸡，蛋壳颜色应为白色；北京红、迪卡褐等品种，蛋壳为褐色。

（4）听音选择

两手各拿三枚蛋，转动五指，使蛋与蛋互相轻微碰撞，听其声音，完整无损的蛋其声音清脆，破损蛋可听到破裂声。

(5) 照蛋透视选择

用验蛋灯或专门照蛋的机械，在灯光下观察蛋壳、气室、蛋黄、血斑、肉斑等几项内容。照蛋透视多在种蛋保存前进行，主要有以下几项内容：观察蛋壳，是否有裂纹和砂皮蛋（可见一点一点亮点）；观察气室大小，了解蛋的新陈；观察蛋黄，正常新鲜蛋，蛋黄颜色为暗红或暗黄，若蛋黄呈灰白色，可能是营养不良；观察血斑、肉斑（大多出现在蛋黄上，也有在蛋白上的），有白色点、黑点、暗红点（转蛋时随着移动）的应予剔除。

(二) 种蛋的保存

种蛋产下后可能需要存放几天或更长时间才能入孵。即使是来自优秀禽群，又经过严格挑选的种蛋，如保存不当，也会降低孵化率，甚至造成无法孵化的后果。

1. 种蛋保存温度

母鸡体内的温度为 40.0℃ ～ 40.7℃，蛋在未产出时，卵细胞因处于较高的温度之中，胚胎细胞不断分裂；种蛋产出母体外，低于 21℃ 时，胚胎细胞分裂停止，一旦超过 23.9℃，胚胎又开始继续发育，但细胞的代谢会逐渐导致鸡胚的衰老和死亡；温度低于 10℃，则孵化率降低；相反，温度过低，低于 0℃ 则失去孵化能力。

种蛋保存最适宜温度是：保存 1 周以内，以 15℃ ～ 17℃ 为好；保存超过 7 天则以 12℃ ～ 14℃ 为宜；保存超过两周应降至 10.5℃。

刚产出的种蛋降到保存温度，应该是一个逐渐降温的过程（因胚胎对温度大幅度变化非常敏感），这样才不致损害胚胎生活力。一般降温需要 1 天左右。

2. 种蛋保存湿度

种蛋保存期间，蛋内水分通过气孔不断蒸发，其蒸发速度与贮存室湿度成反比。为了尽量减少蛋内水分蒸发，贮蛋室的相对湿度应保持在 75% ~ 80% 为宜。这个湿度虽然不能完全制止蛋内水分蒸发，但可明显减小蛋内水分的蒸发。湿度过大霉菌容易滋长。南方 2 ~ 4 月是高湿季节，应注意贮蛋室的干燥通风，因为湿度过高，易导致蛋内外微生物的生长，造成孵化率和雏鸡质量下降。

3. 存放室的空气

空气要新鲜，不应含有有毒或有刺激性气味的气体（如硫化氢、一氧化碳、消毒药物气体）。空气中氧气含量高对种蛋保存并不有利，现在有些使用无毒塑料袋装经过消毒的种蛋并充入氮气，封闭保存，效果很好。如果使用聚乙烯袋装种蛋后抽出空气，其保存 4 周仍可保持较高孵化率。

4. 保存期间的翻蛋

种蛋保存期间翻蛋的目的是防止蛋黄与壳膜黏连而引起胚胎死亡。一般认为，保存 1 周时每天翻蛋一次，种蛋保存超过 2 周时，每天翻蛋能明显提高孵化率（翻蛋可将箱底部一侧垫起 40° 以上，下次改为另一侧或制作活动撬板架）。另据报道，种蛋保存期在 4 周内，蛋存放时锐端向上比钝端向上的孵化效果好。

因此，种蛋应保存在适宜的房舍里，以保持种蛋的新鲜品质。种蛋贮存库一般要求隔热性能好，清洁，防沙尘，杜绝蚊蝇、老鼠，能防阳光直射或穿堂风。种蛋保存期间，该有一个缓慢的降温过程。一般说来，若将种蛋置于最佳贮存温度中，它就会以最佳速度冷却。

5. 保存期限

保存期超过 5 天，随着保存时间的延长，种蛋的孵化率会逐渐降低（表 1-5）。一般说来，保存期在 1 周内孵化率下降幅度较小，超过 2 周下降明显，超过 3 周则急剧降低。保存期越长，在孵化的早期和中期胚胎死亡越多，弱雏也越多。同时，孵化期也会随保存时间的延长而增加。保存期间环境条件控制是否适宜也是影响保存时间的重要因素。

在孵化生产中，种鸡蛋保存时间以 7 天内为宜，夏季种蛋保存时间不宜超过 5 天。

表 1-5 种蛋保存期与孵化率及孵化期关系

保存天数	1	4	7	10	13	16	19	22
受精蛋孵化率	88%	87%	79%	68%	56%	44%	30%	26%
孵化延长期/时	0	0.7	1.8	3.2	4.6	6.3	8	9.7

注：孵化期延长是指比正常卵化多用的小时数（春季、秋季、冬季可以适当保存长些，夏季保存时间应短些）。

（三）种蛋的消毒

1. 消毒目的

消毒是为了及时杀灭蛋壳表面的微生物。由于母鸡生殖器官末端的特殊结构，蛋由健康母鸡产出，蛋壳会带少量微生物，随后微生物会迅速繁殖，虽然蛋有胶质层、蛋壳、内外壳膜等几道自然屏障，但它们都不具备抗菌性能，蛋壳表面的微生物容易被消毒剂杀灭，但微生物侵入蛋壳内后则难以杀灭。所以微生物仍可进入蛋内。这对孵化率、雏鸡质量都是不利的。为了防止上述情况，必须对种蛋进行认真消毒，种蛋消毒是孵化场一项经常性的重要工作。

2. 消毒次数和时间

种蛋消毒应该进行两次：第一次在种蛋收集后马上消毒，在规范化的种鸡场应该在种鸡舍的工作间设置消毒柜，在每次收集种蛋后立即消毒，消毒后运送到蛋库；第二次在入孵前后进行。

3. 消毒方法

福尔马林高锰酸钾熏蒸法：福尔马林又叫甲醛溶液，为无色带有刺激性和挥发性的液体，内含40%的甲醛，杀菌力强，对所有的微生物都能杀灭。在鸡舍或孵化场的消毒室里进行消毒，每立方米用42mL福尔马林加21g高锰酸钾，在温度20℃～24℃以上，相对湿度75%～80%以上的条件下，烟熏20分钟，效果很好，可杀死白壳蛋上的病原体的95%～98.5%，褐壳蛋上的97.5%。在孵化器里消毒种蛋（入孵后马上进行），采用福尔马林$28mL/m^3$，高锰酸钾$14g/m^3$，烟熏20分钟。

用福尔马林消毒法时，应注意下列几点。

（1）种蛋在孵化器里熏蒸消毒时，应避开24～96小时胚龄的胚蛋，药物对24～96小时胚龄的胚胎有不利影响。

（2）福尔马林与高锰酸钾反应剧烈，又有很大腐蚀性，所以应采用陶瓷或玻璃容器，先加少量温水，后加高锰酸钾，再加入福尔马林。

（3）种蛋从蛋库移出或从鸡舍送至孵化场消毒室后，如蛋壳上凝有水珠就熏蒸则对胚胎不利，应当尽量避免，方法是提高温度，待水分蒸发后，再进行消毒。

氯消毒法：将种蛋浸入含有活性氯1.5%的漂白粉溶液中3分钟，取出待干燥后装盘。

新洁尔灭消毒法：新洁尔灭为淡黄色胶状液体，易溶于水，呈碱性，振摇时形成大量的泡沫。它忌与肥皂、碘、高锰酸钾、升汞和碱等配用。新洁尔灭有较强的消毒和去污作用，能凝固蛋白质和破坏菌体代谢过程。消毒种蛋时，用1∶1000

（5%原胶＋50倍水）溶液喷于蛋表面，或40℃～45℃的该溶液中浸泡3分钟。

高锰酸钾消毒法：高锰酸钾为黑紫色结晶有金属光泽，易溶于水。将高锰酸钾配成5%的溶液，种蛋放在该溶液内浸泡1分钟，取出干燥后装盘。

碘液消毒法：将种蛋置于1‰的碘溶液内浸泡30～60秒钟，取出干燥后装盘。土霉素消毒法：种蛋入孵后，当电孵机温度达到37.8℃时，经过6～8小时后，将种蛋取出，略置2分钟，再将种蛋放入预先配制好的土霉素盐酸盐水溶液中浸泡15分钟，药液浓度为0.5‰（1kg水放土霉素盐酸盐0.5g），药液温度为4℃，如温度过高，可用冰块放入溶液内，15分钟消毒后取出，待蛋面不太湿时放回孵箱内继续孵化。该方法对支原体的杀灭效果显著，但对病毒无效。

（四）种蛋的运输

运输种蛋的工具要求快速、平稳、安全，目前大多数使用的是具有控温装置的箱式保温车。在种蛋的运输过程中，运输时不可剧烈颠簸，以免强烈振动时引起蛋壳或蛋黄膜破裂，损坏种蛋；同时应注意避免日晒雨淋，以免影响种蛋的品质。因此，在夏季运输时，要有遮阳和防雨设备；冬季运输应注意保温，以防受冻。装卸时轻装轻放，严防剧烈振动。种蛋运到目的地后，应立即开箱检查，取出种蛋，剔除破损蛋，进行消毒，尽快入孵。

三、孵化的条件

家禽的繁殖方法与家畜不同，家禽的胚胎期是在母体外完成的，因而必须由母鸡抱孵才能发育。但是家禽产蛋很多，完全靠母鸡孵化满足不了人们的需要，为了大量繁殖家禽，人们就模仿母鸡孵化的原理发明了人工孵化法。

（一）温度

在人工孵化中，温度是禽蛋孵化的最重要因素，它决定了胚胎的生长、发育和生活力，因此掌握温度是提高孵化率的首要条件。

胚胎发育时期不同，对外界温度的要求也不一样。孵化初期，胚胎物质代谢处于低级阶段，本身产生的热很少，因而需要较高的温度；孵化中期以后，随着胚胎的发育，物质代谢日益增强，特别是孵化末期，胚胎本身产生大量的体热，因而需要较低的温度。

孵化期内掌握最适合的温度要根据不同的孵化方法而定。老式的平面孵化，第 1 周蛋面温度在 39℃～39.5℃，第 2 周在 39℃，18 天后在 38℃～38.5℃。而现代的立体孵化器，其孵化部分要求在 37.8℃。

胚胎可死于高温，也可因温度不足而生长发育迟缓，如温度低至 24℃时经 3 小时胚胎便全部死亡。

（二）湿度

湿度对蛋内水分蒸发和胚胎的物质代谢有关。如湿度不足，则蛋内水分加速向外蒸发，从而破坏了胚胎正常的物质代谢。因为孵化期中蒸发过快将导致尿囊绒毛膜复合体变干，阻碍了胚胎代谢产物二氧化碳的排出和氧气的吸入。相反，湿度过高会阻碍蛋内水分正常蒸发，同样也要破坏胚胎的物质代谢。

孵化初期适当的湿度可使胚胎受热良好，而孵化末期可使胚胎散热加强，有利于胚胎的发育。

湿度与胚胎的破壳有关。出雏时在足够的湿度和空气中二氧化碳的作用下，能使蛋壳的碳酸钙变为碳酸氢钙，蛋壳随之变脆，有利于雏鸡啄壳。为使胚胎正常的生长和发育，孵化器内必须保持合适的湿度。

孵化器的相对湿度应经常保持53%～57%，开始出雏时，提高到70%左右。在胚胎发育期间，温度和湿度之间有一定的相互影响，温度高则要求湿度低；而温度低则要求湿度高。因为不同日龄的胚胎和鸡，都不能同时既耐受高温度又耐受高湿度。如果在孵化的最后两天（20或21天）内要增加湿度，那么就必须降低温度，否则，无论对于孵化率还是对于出壳雏鸡的品质都会产生灾难性的后果。

（三）通风

胚胎在发育过程中，不断吸收氧气和排出二氧化碳。每个鸡蛋在孵化的前期耗氧气$0.51cm^3/h$，后期耗氧气$17.34m^3/h$。因此，为保持胚胎正常的气体代谢，必须供给新鲜空气，蛋周围空气中二氧化碳含量不得超过0.5%，二氧化碳达1%时，则胚胎发育迟缓，死亡率增高，出现胎位不正和畸形现象。

孵化器内安装有风扇，这不仅是为了搅动空气，也是为了排出热量。在1～12天的孵化期间鸡胚发育需要较高温度，若这一时期风扇因故障停止转动，尚不至于出多大问题。但13～21天就需要散热，因此13天后胚胎对温度就相当敏感。另外，对孵化器内空气流速和路线也要注意，空气流速不正常直接影响器内温湿度的状态，而气流路线又关系到器内各处温度是否均匀。因此孵化时必须保持器内空气新鲜，风速正常，通气孔的大小和位置适当。风扇的转数不能过慢或过快。单独出雏的出雏器，蛋盘间的距离要加宽，以保证空气流通，防止过热。

（四）翻蛋

翻蛋可避免胚胎与壳膜黏连。刚产下的蛋，蛋黄停留在稀蛋白中，但种蛋一旦入孵，蛋黄因比重下降从稀蛋白中上升，总是浮于蛋的上部，而胚胎又位于蛋黄之上，容易与壳膜接触，如长时间放置不动，会与壳膜黏连易致死亡。翻蛋还可使胚胎各部受热均匀，供应新鲜空气，有利于胚胎发育，翻蛋也有助于胚胎的运动，保证胎位正常。因此孵化过程中必须经常翻蛋，特别是第 1 周更为重要，一般每天翻蛋 6~8 次即可。机器孵化每 1~2 小时自动翻蛋一次，土法孵化可 4~6 小时翻一次，温度低时可适当增加翻蛋次数。前两周翻蛋更为重要，尤其是第 1 周。据试验：鸡胚孵化期间（1~18 天）不翻蛋，孵化率仅为 29%；第 1 周翻蛋，孵化率为 78%；第 1~14 天翻蛋，孵化率为 95%；第 1~18 天翻蛋，孵化率为 92%。机器孵化一般到第 18 天即停止翻蛋并进行移盘。

翻蛋的角度以水平位置前俯后仰 45° 为宜。翻蛋时应注意动作要轻、慢、稳。翻蛋过程要迅速完成，翻过之后就使蛋静置不动，直至下次再行翻蛋，如果蛋处于不断的前后摆动之中，孵化率就会降低。在孵化过程中翻蛋对前期胚胎发育的影响要远远大于后期，生产上要求在种蛋落盘以前都应该翻蛋。在孵化设备的制造上已经实现了这种要求。

（五）凉蛋

凉蛋是指种蛋孵化到一定时间，关闭电热甚至将孵化机门打开，让胚蛋温度下降的一种孵化操作程序。其目的是驱散孵化机内余热，让胚胎得到更多的新鲜空气，有利于胚胎发育。

1. 凉蛋方法：头照后至尿囊"合拢"前，每天凉蛋 1~2 次；"合拢"后至"封门"，每天凉蛋 2~3 次；"封门"后至大批出雏前，每天凉蛋 3~4 次。关电热，将蛋架拖出机外，向蛋面喷洒 25℃~30℃ 温水，适于分批入孵和高温季节。

2. 凉蛋时机的掌握：凉蛋应根据胚胎发育情况、孵化天数、气温及孵化机性能等具体情况灵活掌握。

（1）如孵化机供温和通风换气系统设计合理，可不凉蛋。但在炎热的夏天、孵化后期胚蛋白温超温时，可进行凉蛋。

（2）孵化机通风换气系统设计不合理、通风不良时．凉蛋措施是必不可少的。

（3）胚胎发育偏慢，不要凉蛋，以免胚胎发育受阻。

（4）大批出雏后，不仅不能凉蛋，还应将胚蛋集中放在出雏机上层。

四、孵化的方法

鸡的孵化分为自然孵化和人工孵化。自然孵化就是母鸡抱窝孵化，这种方法孵化量小，受季节限制较大，而且影响母鸡产蛋量，只适用于农家小户。人工孵化就是利用人工的方法为鸡胚的发育创造适宜的外界条件，保证鸡胚正常发育为雏鸡的过程。人工孵化的形式很多，根据孵化设备和供温方式，孵化方法有多种类型。如按孵化器具分类有机器孵化、温室孵化、摊床孵化、平箱孵化、桶孵化、缸孵化和炕孵化等等；根据供热形式又可分为电孵化、热水孵化、暖气孵化、煤油孵化、沼气孵化、太阳能孵化等等。目前，关于人工孵化的方法尚没有统一的分类标准，人们常习惯于按孵化器具对孵化方法进行归类，这里简单介绍目前一种运用最广泛的孵化方法：机器孵化法。

（一）孵化前的准备

1. 材料安装妥当待使用的孵化机、出雏机，准备好检修工具、消毒药品和消毒器具等。

2. 方法及操作步骤

（1）制订孵化计划。协助和参与制订孵化室工作计划。根据设备条件、种蛋供应、雏鸡销售市场等具体情况，制订出周密的孵化计划。

（2）孵化室的准备。孵化室要求温度、湿度、通风条件良好，室内温度保持在22℃~24℃，相对湿度保持在55%~60%。孵化前一周，对孵化室、孵化机和孵化用具进行清洗和消毒。

（二）码盘入孵

1. 材料种蛋、蛋盘、孵化机、消毒药品和消毒器具等。

2. 方法及操作步骤

（1）码盘。种蛋在孵化时将钝端向上放置在蛋盘上称码盘，这样有利于胚胎的气体交换。蛋盘一定要码满，蛋盘上要做好标记。码盘结束，对剔除蛋和剩余的种蛋要及时处理，然后清理工作场地。

（2）上蛋架。上蛋的时间最好安排在下午4点以后，这样大批出雏的时间赶在白天，有利于出雏操作。将蛋码满盘后插入蛋架，操作时一定要使蛋盘卡入蛋架滑道内，插盘顺序为由下至上。采用八角式蛋架孵化机上蛋时，应注意蛋架前后、左右蛋盘数量相等，重量平衡，以防一侧蛋盘过重，导致蛋架翻转。采用同一孵化机分批入孵时，各批入孵的新蛋和老蛋要相互交叉放置，以利于新蛋与老蛋互相调节温度。上完蛋架后即进行熏蒸消毒。

（三）孵化期间的日常管理

1. 材料孵化室内正常生产的孵化机、出雏机、检修工具、记录表等。

2. 方法及操作步骤

（1）检查孵化机的运转情况。孵化机如出现故障要及时排除。孵化机最常见的故障有皮带松弛或断裂，风扇转慢或停止转动，蛋架上的长轴螺栓松动或脱出造成蛋的翻倒，等等。因此，对皮带要经常检查，发现有裂痕或张力不足时应及时更换；风扇如有松动，特别是发出异常声响应时及时维修；发现电子继电器不能准确控制温度升降或水银导电温度计失灵，都应立即更换；检查电动机听其音响异常，手摸外壳烫手，应立即维修或换上备用电动机。另外，还应注意孵化机内的风扇、电动机、通风翻蛋装置工作是否正常。

（2）检查孵化机内外温度、湿度的变化。一般要求每 0.5 ~ 1 小时观察 1 次，观察结果当时记录。对控制仪器的灵敏度和准确度也要注意，遇到不稳时要及时调整。如遇停电要根据停电时间的长短和鸡蛋的胚龄等情况，及时采取相应的措施。停电超过 1 ~ 2 小时，首先提高孵化室温度达 28℃ ~ 32℃，每隔半小时手动翻蛋 1 次，如果机内是早期的胚蛋，机门可不开，但如果是后期的胚蛋，应立即打开机门，排除余热，根据机内的温度情况，经 3 ~ 5 分钟后再关门保温。自动控湿的孵化机，要检查各控制装置工作是否正常；无自动控湿的孵化机，要定时加水和调整水盘数量。

（3）观察通风和翻蛋情况。定期检查出气口开闭情况，根据胚龄决定开启大小，注意每次翻蛋的时间和角度，对不按时翻蛋和翻蛋角度过大或过小的现象要及时处理，停电时手动翻蛋应按时操作。

（4）孵化记录。整个孵化期间，每天必须认真做好孵化记录和统计工作，以助于孵化工作顺利有序进行和对孵化效果的判断。孵化结束，要统计受精率、孵化率和健雏率。

（四）验蛋

1. 材料

孵化 5 ~ 6 天、10 ~ 11 天、18 ~ 19 天的正常鸡胚蛋或 7 ~ 8 天、12 ~ 13 天、23 ~ 25 天的正常鸭胚蛋各若干枚，不同时期弱胚蛋、死胚蛋各若干枚，胚胎发育标本模型、彩图及幻灯片、蛋盘、照蛋器、出雏筐、操作台等等。

2. 方法及操作步骤

（1）照检5～7天胚蛋。通过光源，检查鸡胚胎发育情况。剔除无精蛋、死胚蛋和不能继续发育的弱胚蛋。受精蛋：整个蛋呈红色，胚胎发育像蜘蛛形态，其周围血管分布明显，并可看到胚上的眼点，将蛋微微晃动，胚胎亦随之而动。弱精蛋：黑点血丝不明显。死精蛋：有黑点而且血丝形成一个血圈。无精蛋：蛋内发亮，只见蛋黄稍扩大，颜色淡黄，没有血点和血丝。

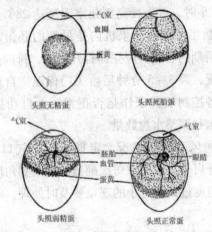

图1-3 第一次照蛋时的特征

（2）照检重要时期鸡胚胎发育情况并鉴别胎龄。整个孵化期内一般进行3次照检。鸡胚蛋第一次在5～7天胚龄，其目的是剔除无精蛋和早期死胚蛋；第二次在10～13天，目的是检查胚胎发育快慢；第三次在17～18天，目的是检查胚胎发育情况，将发育差或死胚蛋剔除，此次照蛋后即行移盘。入孵第5天的鸡胚蛋。照蛋时正常活胚蛋可明显看见有像蜘蛛网状的血管分布，胚胎下沉较深，在气室附近可见一黑点（胚胎的眼睛）；弱胚蛋可见胚胎浮于表面，血管网纤细；死胚蛋

48

则看见蛋内血环或片断血丝。入孵第 10 天的鸡胚蛋，照蛋时正常活胚蛋可见尿囊血管在蛋的小头合拢，除气室外，整个蛋布满血管，俗称"合拢"。

弱胚蛋则尿囊尚未在锐端合拢，蛋的锐端无血管分布，颜色较淡；死胚蛋内呈暗褐色，可见血条。入孵第 18 天的鸡胚蛋。照蛋时正常活胚蛋可见蛋内全为黑色，气室边界弯曲明显，周围可见粗壮的血管，有时可见胚胎颤动；弱胚蛋则气室边界平整，血管纤细；死胚蛋气室边界颜色较淡，无血管分布。胚胎发育见图 1 - 4。

（五）移盘

1. 材料经孵化 17 ~ 18 天的鸡胚蛋或 25 天的鸭胚蛋，以及孵化机、出雏机、出雏盘等。

2. 方法及操作步骤

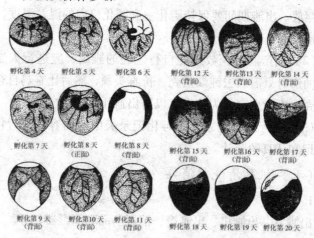

图 1 - 4 4 ~ 20 天胚胎发育图

（1）出雏机的准备。开出雏机，定温，定湿，加水，调整好通风孔，备好出雏盘。

（2）移盘。将孵化后期的鸡蛋，从孵化机的蛋盘中移到出雏盘或送入出雏机中继续孵化出雏的过程称移盘，如移到摊床上自温孵化出雏称上摊。移盘的时间，鸡蛋是第 17~18 天，鸭蛋在第 25 天。移盘或上摊要求预先提高室温至 30℃ 左右，动作要轻、稳、快。移盘后的种蛋停止翻蛋，增加孵化湿度。上摊自温孵化出雏时，应经常检查蛋温并进行调节。

（六）出雏及助产

1. 材料

孵化后期的胚蛋以及孵化机、出雏机、出雏筐等。

2. 方法及操作步骤

（1）拣雏。鸡蛋孵化满 20 天、鸭蛋满 27 天就开始出雏，及时拣出绒毛已干的雏鸡和空蛋壳，在出雏高峰期，应每 4 小时拣一次，并进行拼盘。取出的雏鸡放入箱内，置于 25℃ 室温内存放。出雏期间要保持孵化室和孵化机内的温、湿度，室内保持安静，少开机门。

（2）助产。对少数未能自行脱壳的雏鸡，应进行人工助产。助产时只需破去钝端蛋壳，拉直头颈，然后让雏鸡自行挣扎脱壳，不能全部人为拉出，以防出血死亡。

（3）进行孵化记录。将孵化记录表中的内容，进行仔细的登记和认真的统计。

（七）机具清洗与消毒

1. 材料

出雏室、出雏机、出雏箱、消毒药品和消毒器具等。

2. 方法及操作步骤

（1）清洗用具。出雏结束后，将出雏室、出雏机、出雏盘进行彻底清洗。（2）消毒用具。清洗完后，消毒出雏盘、水盘和出雏机，以备下次出雏时使用。消毒方法可选用任何一种消毒药物进行喷洒，也可采用甲醛熏蒸法进行消毒。

五、初生鸡的雌雄鉴别

（一）材料

初生雏鸡若干箱（羽速自别、羽色自别初生雏及出壳12小时以内的其他雏鸡若干只），操作台及鉴别灯（用60W乳白灯泡）若干台。

（二）方法及操作步骤

1. 伴性遗传鉴别初生雏鸡的方法及原理

伴性遗传鉴别法是利用伴性遗传原理，培育自别雌雄品系，通过不同品系间杂交，根据初生雏鸡羽毛的颜色、羽毛生长速度准确辨别雌雄。

（1）快慢羽鉴别。控制羽毛生长速度的基因存在于性染色体上，慢羽对快羽为显性。用慢羽母鸡与快羽公鸡杂交，其后代中凡快羽的是母鸡，慢羽的是公鸡。区别方法：初生雏鸡若主翼羽长于覆主翼羽为母雏；若主翼羽短于或等于覆主翼羽则为公雏。

（2）羽色鉴别。利用初生雏鸡绒毛颜色的不同，直接区别雌雄。如褐壳蛋鸡品种依莎、罗斯、海兰、尼克红、罗曼等就可利用其羽色自别雌雄。用金黄色羽的公鸡与银白色羽的母鸡杂交，其后代雏鸡中，凡绒毛金黄色的为母雏，银白色的为公雏。

2. 翻肛鉴别初生雏的方法及操作示范

左手握雏鸡，用中指和无名指轻挟雏鸡颈部，用无名指和小指挟雏鸡两脚，再用左拇指轻压腹部左侧髋骨下缘，借助雏鸡的呼吸，让其排粪。然后以左手拇指靠近腹侧，用右手拇指和食指放在泄殖腔两旁，三指凑拢一挤，即可翻开泄殖腔。泄殖腔翻开后，移到强光源（60 W 乳白色灯泡）下，可根据雏鸡生殖突起的大小、形状及生殖突起旁边的"八"字形皱襞是否发达来区别公母。翻肛鉴别初生雏鸡的整个操作过程动作要轻、快、准。用此法鉴别雌雄，鉴别适宜的时间是在出壳后2～12 小时内进行，超过 24 小时，生殖突起开始萎缩，甚至陷入泄殖腔深处，难以进行鉴别。技术关键在于抓雏与握雏、排粪、翻肛，最后观察并区别。

六、孵化效果的分析

（一）胚胎死亡原因的分析

（1）孵化期间胚胎死亡的分布规律。不管孵化率高低，都有两个正常死亡高峰。第一个死亡高峰出现在孵化前期，在开始孵化后的第 3～5 天。第二个死亡高峰出现在孵化后期，在孵化第 18 天以后。第一个高峰的死胚数约占全部死胚数的15%，第二个高峰的死胚数约占全部死胚数的 50%。

（2）胚胎死亡高峰的原因分析。第一个死亡高峰正是胚胎生长迅速，各种胚膜相继形成但尚未完善之时，此时的胚胎对外界环境变化很敏感，稍有不适，胚胎发育便受阻，以致夭折。第二个死亡高峰正处于胚胎从尿囊绒毛膜呼吸过渡到肺呼吸时期，此时的胚胎生理变化剧烈，需氧量剧增，自温猛增，对孵化环境要求高。若通风换气、散热不好，一些较弱的胚胎便不能顺利破壳。孵化期其他时间的胚胎死亡，主要是受胚胎生命力强弱的影响。

胚胎死亡是由外部因素与内部因素共同影响的结果，内部因素对第一个死亡高峰影响大，外部因素对第二个死亡高峰影响大。影响胚胎发育的内部因素主要是种蛋的品质，它们是由饲养管理水平与遗传因素所决定的。影响胚胎发育的外部因素，包括入孵前的环境（种蛋保存环境）和孵化中的环境

（孵化条件）。

（二）孵化各期胚胎死亡原因的分析

（1）前期死亡（第1~6天）的原因。种蛋的营养水平及健康状况不良，主要是维生素A、维生素B₂缺乏；种蛋贮存时间长，保存温度过高或受冻；种蛋熏蒸消毒不当；孵化前期温度过高，种蛋运输时受剧烈震动。

（2）中期死亡（第7~12天）的原因。种鸡的营养水平及健康状况不良，饲料中维生素D₃缺乏，出现水肿现象；污蛋未消毒；孵化温度过高，通风不良；若尿囊绒毛膜未合拢，除发育偏慢外，多系翻蛋不当所致。

（3）后期死亡（第13~18天）的原因。气室小系湿度过高；胚胎如有明显充血现象，说明有一段时间高温；发育极度衰弱，系温度过低；种蛋小端啄壳，系通风不良或小端向上入孵。

（4）闷死壳内的原因。出雏时湿度过高，通风不良；胚胎软骨畸形，胚位异常；卵黄囊破裂，颈、腿麻痹、软弱等。

（5）啄壳后死亡的原因。若洞口多黏液，系高温高湿，第20~21天通风不良；在胚胎利用蛋白时遇到高温，蛋白未吸收完，尿囊合拢不良，卵黄未进入腹腔；移盘时温度骤降；种蛋小端向上入孵；前两周未翻蛋。

（三）种鸡营养缺乏对孵化效果的影响

种鸡缺乏某些营养物质，所产的种蛋也缺乏营养，这些种蛋用于孵化则会影响孵化效果。维生素A、维生素D₃及维生素B₂缺乏与孵化效果的关系详见前述。

（1）缺维生素B₁₂。胚胎死亡高峰出现在第8~14天。大量胚胎头部处于两腿之间，水肿，喙短，弯曲，肌肉发育不良。

（2）缺维生素 K。胚胎出血，胚外血管有凝块。

（3）缺维生素 E。胚胎死亡高峰为第 1~3 天，鸡胚出现渗出性素质，单眼或两眼突出。

（4）缺泛酸。死胚皮下出血。

（5）缺叶酸。鸡胚死亡高峰在第 18~21 天，其他症状与缺生物素相似。

（6）缺生物素。鸡胚死亡高峰在第 1~7 天和第 18~21 天。鸡胚长骨短缩，腿骨、翅骨和颅骨短缩并扭曲，"鹦鹉喙"。

（7）缺钙。蛋壳薄而脆，蛋白稀薄，腿短粗，翼与腿弯曲，额部突出，颈部水肿，腹部突出。

（8）缺磷。鸡胚第 14~18 天死亡率较高。喙软弱。

（9）缺锌。绒毛呈簇状，可能无翼和无腿。

（10）缺硒。鸡胚渗出性素质（水肿）。

（11）缺锰。鸡胚死亡高峰在第 18~21 天。翼与腿变短，水肿，"鹦鹉喙"。

（四）孵化过程中异常现象的产生与原因

（1）臭蛋。产生的原因是蛋被细菌污染，蛋未消毒或消毒不当，破蛋或裂纹蛋，种蛋保存时间太长，孵化机内污染等。

（2）胚胎死于两周内。原因是种鸡营养不良、患病，孵化机内温度过高或过低，供电故障，未翻蛋，通风不良，二氧化碳浓度过高。

（3）气室过大。原因是蛋重小，第 1~19 天相对湿度过低或温度过高。

（4）气室过小。原因是蛋重大，第 1~19 天相对湿度过高或温度过低。

（5）雏鸡提前出雏。原因是蛋重太小，孵化过程中温度偏高，温度计不准确。

（6）雏鸡延迟出雏。原因是蛋重太大，孵化过程中温度偏低，室温多变，种蛋保存时间太长，温度计不准确。

（7）死胚充分发育，但喙未进入气室。原因是种鸡营养不良，第 1～10 天孵化温度过高，第 19 天相对湿度过高。

（8）死胚充分发育，喙在气室内。原因是种鸡营养不良，出雏机通风不良，第 20～21 天孵化温度太高或相对湿度过高。

（9）雏鸡啄壳后死亡。原因是种鸡营养不良，并存在致死基因；种鸡患病；胎位不正；第 20～21 天通风不良，二氧化碳浓度过高；第 1～19 天温度不当；第 20～21 天温度过高或相对湿度太低。

第四节　鸡的营养与饲料

饲料是养鸡业生产的原料，是供给鸡所需营养素和有助于营养素利用的物质，但是单一饲料不能满足鸡生长和生产的需要，必须在了解和掌握鸡的消化生理特点、鸡不同品种和不同阶段的营养需要量，以及各种饲料原料营养成分含量的基础上，进行合理搭配才能配制出鸡需要的平衡日粮。

一、鸡消化与吸收的特点

鸡的生长发育、产蛋和产肉均需要饲料提供营养物质，饲料经消化、吸收后重新合成鸡的细胞和组织。鸡口腔无牙齿，唾液腺不发达，饲料仅经唾液微微浸湿便从食道吞入嗉囊。嗉囊贮存饲料，并能分泌黏液软化食物。鸡的胃分为腺胃和肌胃，腺胃很小，饲料在此停留时间很短，但消化腺发达，能大量分泌胃液。肌胃特别发达，由坚厚的肌肉组成，其内面覆盖有一层厚厚的角质膜，肌胃内有坚硬的沙石，借助肌肉收缩来磨碎饲料。

鸡的盲肠有消化纤维素的作用。但由于从小肠来的物质只有6%～10%进入盲肠，其余部分直接进入直肠排出体外，所以鸡消化纤维素的能力低。鸡的消化道短，约为体长的6倍，因而饲料通过消化道的时间比较短。

二、鸡的营养需要

鸡所需的营养物质几乎全部是从饲料中获取的。饲料中含有的营养物质按常规化学分析法可分为：碳水化合物、粗蛋白质、粗脂肪、矿物质、维生素和水六大营养物质。鸡体温高、代谢旺盛、生长快、产蛋多，因此按单位体重计算所需的营养物质要比家畜多。

（一）碳水化合物

饲料中碳水化合物是粗纤维和无氮浸出物的总称，无氮浸出物是由碳、氢、氧组成的有机化合物，它包括淀粉、糖类。由于鸡消化纤维素的能力低，日粮中纤维素含量不应过多，一般不超过8%，但也不宜低于2%，纤维素太少鸡易产生饥饿感，伴发养成食羽、啄肛的恶癖。因此，淀粉通常作为家禽所需能量的最直接也是最主要来源。鸡的能量需要受鸡的体重、产蛋率、环境温度、饲养方式（笼养、平养或散养）以及品种等因素的影响。当日粮能量水平低时，采食量增加，如果此时蛋白质水平不变，就会导致蛋白质浪费。反之，使用高能日粮时，鸡的采食量减少，如不提高蛋白质水平，就会导致蛋白质不足。此外，日粮中的能量水平过高时，过剩的能量还将转化为脂肪沉积，导致鸡过肥，影响肉质和产蛋率。

（二）粗脂肪

饲料中能溶解于有机溶剂的物质统称为粗脂肪。植物饲料中都含有脂肪，但其含量因植物的种类和部位不同而异。脂肪的营养功能主要体现在以下几个方面。

1. 提供和存储能量

脂肪是家禽提供和贮存能量的最好形式，其所含能量是碳水化合物 2.25 倍。

2. 提供必需脂肪酸

如脂肪中的亚油酸，在鸡体内不能合成，必须由饲料中供给。种鸡配合饲料中应注意亚油酸的含量，若亚油酸缺乏则会引起代谢紊乱、生长受阻以及产蛋量下降。以玉米为主的日粮，亚油酸不会缺乏，而以高粱为主的日粮亚油酸易缺乏。

3. 促进脂溶性维生素的吸收

脂溶性维生素必须溶解于脂肪中才能被消化、吸收和利用。

（三）粗蛋白质

蛋白质是一切生命的物质基础，在鸡的生长、繁殖中起着十分重要的作用。鸡饲料中蛋白质含量是否恰当，直接决定了鸡的生产潜能是否能充分发挥出来。饲料蛋白质的营养价值主要取决于氨基酸的组成。体内合成蛋白质时，各类氨基酸均按一定比例进行，如果某种必需氨基酸缺乏或不足，就会影响整个蛋白质的合成和利用。鸡的日粮要十分注意必需氨基酸的平衡。在 13 种氨基酸中，赖氨酸、蛋氨酸和色氨酸尤为重要。因为一般谷物中这三种氨基酸含量少，鸡利用其他各种氨基酸合成蛋白质时均受它们限制，所以我们又把这三种氨基酸称为限制性必需氨基酸。我们常用植物性蛋白和动物性蛋白饲料适当搭配的方法来实现蛋白质氨基酸的相互补充。只喂植物蛋白鸡生长慢，产蛋少，而补加少量动物性蛋白饲料就可得到改善，这主要是由于动物蛋白富含限制性氨基酸和一些未知活性因子，补充了植物蛋白的不足。在实际日粮配合时，饲料种类尽可能多一些，并适当补充一部分动物蛋白饲料或添加人工合成的赖氨酸、蛋氨酸，这样便能保证氨基酸的平衡。

如果鸡饲料中蛋白质缺乏，轻则影响生长、产蛋，重则生长停滞、消瘦，甚至引起死亡，但如果饲料中蛋白质超过鸡的营养需要，就会引起消化不良、下痢，造成饲料浪费，增加生产成本。各类鸡的蛋白质需要量不同。一般来说，蛋鸡幼雏为 18% ~ 20%；育成期（中雏，大雏）为 14% ~ 15%；产蛋鸡为 15% ~ 18%，肉用仔鸡为 18% ~ 22%。

（四）矿物质

矿物质是骨骼、蛋壳、血红蛋白、甲状腺素等的主要组成成分，在体内有调节渗透压，保持酸碱平衡等作用，因而是鸡正常生长发育和产蛋所不可缺少的营养物质。家禽日粮中已知的必需元素有 13 种，它们是常量元素：钙、镁、钾、钠、磷、氯；微量元素铁、铜、锰、锌、钼、碘、硒。

1. 钙、磷

钙是骨骼及蛋壳的组成成分，当日粮中钙、磷不足或比例不当时，常导致雏鸡患软骨症、跛行，产蛋鸡蛋壳变薄，产蛋量和孵化率降低。但钙含量也不宜过高，育雏和育成期钙含量不应超过 1.0%，产蛋期日粮中钙含量不宜超过 3.2%。磷的含量也重要，谷物和糠麸中含磷较多，但鸡对植酸磷的利用率低，雏鸡约 30%，成鸡约 50%，而无机磷的利用率可视为 100%。磷不足，容易造成鸡的食欲减退，生长缓慢，因此，日粮中应注意补充一些无机磷。

给鸡补充钙和磷时，不仅要注意满足其数量，而且还要注意二者正常比例。雏鸡为 1.2:1 [范围 (1.1~1.5):1)]，产蛋鸡为 4:1 或钙更多一些为宜，为保证钙、磷的利用，还要供应充足的维生素 D。

2. 钠、钾、氯

钠、钾、氯 3 种元素主要分布在体液和软组织中，主要作用是维持渗透压和酸碱平衡。鸡的饲料中钾通常不会缺乏，只需补充部分食盐来满足钠、氯的需要。食盐的用量通常是日粮的 0.35%。补充食盐不宜过多，在喂给鸡含盐鱼粉时尤应注意。饲喂食盐过量会引起雏鸡生长缓慢，母鸡产蛋量下降，严重者引起中毒死亡。

3. 微量元素

铁、铜、碘、硒、锌等元素，由于需要量极少，故称为微量元素。这些微量元素中较易缺乏的是锰、锌和铜，其次是碘和硒。饲料微量元素的含量与当地土地中的微量元素有密切关系。通常采用添加微量元素添加剂的办法来补充。其需要添加量见表 1-6。

表 1-6 鸡对矿物质需要量（每 kg 饲料含量）

营养物质	类 别			
	雏鸡 （0~8 周）	育成鸡 （8~18 周）	产蛋鸡	种鸡
钙（%）	0.9	0.6	3.25~3.8	3.5~3.8
磷（%）	0.7	0.4	0.5	0.5
钾（%）	0.16	0.16	0.1	0.1
钠（%）	0.15	0.15	0.15	0.15
氯（毫克）	800	800	800	800
铜（毫克）	4	3	3	4
碘（毫克）	0.35	0.35	0.3	0.3

营养物质	类　别			
	雏鸡 （0~8周）	育成鸡 （8~18周）	产蛋鸡	种鸡
铁（毫克）	80	40	50	80
镁（毫克）	600	400	500	500
锰（毫克）	55	25	25	33
硒（毫克）	0.1	0.1	0.1	0.1
锌（毫克）	40	35	50	65

（五）维生素

维生素是维持鸡生命，保证健康和正常生产活动所必需的营养物质。鸡消化道内微生物少，大多数维生素在体内不能合成或合成量太少，不能满足鸡体的需要，必须从饲料中供给。根据维生素的物理性质可分为脂溶性维生素和水溶性维生素，其中脂溶性维生素有 A、D、E、K，水溶性维生素有硫胺素、核黄素、烟酸、吡醇素、泛酸、生物素、胆碱、叶酸和维生素 B_{12} 等。一旦缺乏维生素，许多酶的合成就会受到影响，导致新陈代谢紊乱，从而影响到鸡的生长、发育和健康，因而在生产中，添加维生素是十分必要的。各种维生素的添加量见表1－7。

表1－7　鸡对维生素和亚油酸的需要量（每千克饲料含量）

营养物质	类　别			
	雏鸡 （0~8周）	育成鸡 （8~18周）	产蛋鸡	种鸡
维生素 A（国际单位）	1500	1500	4000	4000
维生素 D（国际单位）	200	200	500	500
维生素 E（国际单位）	10	5	5	10

营养物质	类　别			
	雏鸡 （0～8周）	育成鸡 （8～18周）	产蛋鸡	种鸡
维生素 K（毫克）	0.5	0.5	0.5	0.5
硫胺素（毫克）	1.3	1.3	0.8	0.8
核黄素（毫克）	3.6	1.8	2.2	3.8
泛酸（毫克）	10	10	2.2	10
烟酸（毫克）	27	11	10	10
吡醇素（毫克）	3	3	3	4.5
生物素（毫克）	0.15	0.10	0.10	0.15
胆碱（毫克）	1300	500	500	500
叶酸（毫克）	0.55	0.25	0.25	0.35
维生素 B$_{12}$（毫克）	0.009	0.003	0.003	0.003
亚油酸（％）	1.0	0.8	1.0	1.0

（六）水

水是各种组织、细胞以及体液所必不可少的。此外，营养物质的消化吸收、代谢废物的排泄、血液循环、呼吸、体温调节等都离不开水，水缺乏时严重影响鸡的健康和产蛋。有研究报道产蛋鸡断水 24 小时，产蛋量要下降30％，而且恢复正常水平需20天以上。雏鸡断水 10～12 小时，则采食量减少，严重影响增重。鸡的饮水量一般为采食量（干重）的1.6倍。饮水量随季节、产蛋量而变化。夏季及产蛋量增加时饮水量亦相应增加。环境因素中温度对饮水量的影响最大，0℃以下饮水量减少，超过20℃则饮水量增加，35℃为22℃饮水量的1.5倍，0℃～20℃饮水量变化不大。

三、鸡的饲料及其营养价值

鸡常用饲料原料有数十种,按其营养成分的含量大致可分为能量饲料、青绿饲料、蛋白质饲料、矿物质饲料和添加剂饲料等。

(一) 能量饲料

饲料干物质中粗蛋白质含量低于20%、粗纤维含量低于18%的饲料,均属能量饲料。如玉米、麦类、稻谷、碎米、高粱、麸皮、米糠等都是常用的能量饲料。

1. 玉米

玉米含能量高,纤维少,适口性好,消化率高,是养鸡用得最多的能量原料,有"饲料之王"的美称。由于黄玉米中含有较多的胡萝卜素和叶黄素,所以用黄玉米喂鸡可提供一定量的维生素 A,叶黄素对卵黄和皮肤着色有良好效果。玉米的缺点是蛋白质含量低,质量差,缺乏赖氨酸、蛋氨酸和色氨酸,钙、磷含量低。饲用玉米水分应低于14%,否则,玉米易发霉变质产生黄曲霉素,引起黄曲霉中毒,故在贮藏和选择上要注意。鸡料中玉米用量一般为40%～70%。

2. 小麦

小麦含能量仅次于玉米,且粗蛋白质含量相对较高,一般可达12%。其特点是含有丰富的 B 族维生素,但黏度大,会一定程度上影响吸收,因此用量一般占鸡日粮的10%～30%。

3. 高粱

高粱中有较多的单宁,适口性差,一般日粮中不超过10%～15%。

4. 麸皮

蛋白质含量较高,可达12.5%～17%,B 族维生素含量也较高,麸皮质地松软,适口性好,有轻泻作用。缺点是粗纤维含量高，能量含量较低，钙、磷含量不平衡，且含植酸磷，一般可占日粮的3%～10%。

5. 脂肪性饲料

油脂可分为植物油和动物油两大类，植物油吸收率高于动物油。为了提高肉鸡日粮的能量水平，可在饲料中添加2%～4%的油脂，以达到促进生长，改善饲料利用率的目的。

（二）青绿饲料及干草粉

青绿饲料种类多，均属植物性饲料，包括天然牧草、栽培牧草、蔬菜类饲料、作物的茎叶、树叶及水生饲料等。青绿饲料因水分含量很高，鲜料营养价值相对较低，但其粗蛋白和维生素含量丰富，必需氨基酸全面，且钙、磷含量高，比例适当。青绿饲料是多种营养物质相对平衡的饲料。

为保证青绿饲料的常年供应，在大量收割青绿饲料时可调制成干草粉，配合日粮时，干草粉可占日粮的3%～5%。有利于促进鸡的生长，提高产蛋率和孵化率。

（三）蛋白质饲料

蛋白质饲料指饲料干物质中粗蛋白含量在20%以上，粗纤维含量在18%以下的饲料。蛋白质饲料主要包括植物性蛋白质饲料和动物性蛋白质饲料。植物性蛋白质饲料以各种油料籽实榨油后的饼粕为主。有大豆饼、棉籽饼、花生饼、菜籽饼等。动物性蛋白质饲料包括鱼粉、肉骨粉、蚕蛹粉、血粉、羽毛粉等。

1. 植物性蛋白质饲料

（1）大豆饼（粕）是榨油的副产品，用压榨油法加工的副产品叫大豆饼，用浸提法加工的副产品叫大豆粕。大豆饼（粕）中粗蛋白质的含量在39%～45%，代谢能在2.5兆卡/千克以上。大豆饼（粕）是动物最理想的植物性蛋白质饲料，用量可占日粮的20%～45%。大豆饼（粕）中赖氨酸含量较高，但缺乏蛋氨酸。所以，在大豆饼（粕）为主要蛋白质饲料的日粮中，加入一部分鱼粉或一定量的合成蛋氨酸，饲养效果好。需要注意的是使用豆粕（饼）要使用熟制品。

（2）菜籽饼含粗蛋白质35%～40%，富含蛋氨酸，但赖氨酸含量低。菜籽饼中含有芥子碱、植酸单宁等有毒物质，需经脱毒后才能使用，未脱毒的菜籽饼粕在鸡饲料中的添加量一般小于6%。

（3）花生饼粕蛋白质含量为36%～48%，和大豆粕相似，其粗蛋白质量取决于加工温度。适度加热，可破坏花生的胰蛋白酶抑制因子，使其利用率较好。加热不充分，鸡食用后会引起胰脏肥大，生长受阻。花生饼粕易受霉菌污染，产生黄曲霉毒素，在鸡日粮中的用量一般在10%以内。

2. 动物性蛋白质饲料

（1）鱼粉是最佳的蛋白质饲料。其蛋白质含量高，必需氨基酸全面，维生素和矿物质含量丰富，钙、磷比例适当。进口鱼粉呈棕黄色，粗蛋白质含量在65%左右，食盐含量低于3%，一般在日粮中添加3%～10%。国产鱼粉含粗蛋白质45%～53%，食盐含量偏高。使用时要认真检验鱼粉中真蛋白以及食盐、砂子、尿素和灰分的含量。鱼粉在高温潮湿条件下，易变质产生有害成分。如果在鸡饲料中使用劣质鱼粉，容易造成鸡的肌胃糜烂。

（2）肉骨粉是食品加工的副产品，其营养物质的含量随骨、肉、血、内脏比例不同而异。粗蛋白质含量为40%～50%、脂肪为8%～15%，最好与植物蛋白饲料混合使用，用量一般占日粮的3%～8%。

（3）蚕蛹粉含粗蛋白质65%，赖氨酸和色氨酸比豆饼高，蛋氨酸高近2倍，易消化。一般占日粮的5%～10%。

（4）肉粉由屠宰场不能供人食用的废弃肉、内脏、胚胎、软骨等制成，肉粉的质量与原料和加工工艺有关。以蛋白质含量高于55%，脂肪及灰分均低于12%者为好。肉粉蛋白质消化率可达82%，赖氨酸含量丰富。日粮中可占5%～15%。

此外，还有血粉、羽毛粉，它们的粗蛋白质含量高，但实际可利用的蛋白质少，是蛋白质质量差的原料。

（四）矿物质饲料

矿物质饲料都是含营养物质单一的饲料，例如骨粉、磷酸氢钙、磷酸钙等用来补充日粮中钙磷的不足；石粉、贝壳粉、碳酸钙等含钙的饲料，用来补充钙；食盐用来补充钠和氯的需要。

1. 骨粉

骨粉含钙量约为35%，磷约为16%，是很好的钙、磷补充饲料。一般占日粮的1%～3%。

2. 贝壳粉和石粉

贝壳粉含钙量在30%以上，石粉含钙量在35%，它们均为廉价的钙源。但前者易于吸收利用。配料时，贝壳粉或石粉可占雏鸡料的1%～2%，成年鸡料占4%～10%。

3. 磷酸氢钙

磷酸氢钙含钙20%以上，含磷在15%以上，是养鸡生产中主要饲用磷来源。一般日粮占0.5%～2%。

4. 食盐

一般日粮中添加食盐在0.35%左右，如鸡群发生啄食癖（啄毛、啄肛），在其后3～5天日粮中食盐用量可增加到0.5%～1%。食盐含量如果超过1%则易发生食盐中毒，出现死亡。日粮中其他饲料含盐，则应减少食盐的添加量。

5. 蛋壳粉

主要成分是碳酸钙，含钙约35%，含磷2.2%，新鲜蛋壳烘干，还含有12%左右的粗蛋白，但含钙低，约25%。

此外，养鸡生产中还要使用沙砾，它有助于肌胃中饲料的研磨，提高鸡的消化能力。沙砾可占饲料的1%~2%。

（五）饲料添加剂

饲料添加剂根据其作用可分为两大类，即营养性添加剂和非营养性添加剂。

1. 营养性添加剂

主要用于平衡或强化日粮营养。包括氨基酸、微量元素和维生素。

（1）氨基酸。目前使用较多的是人工合成的蛋氨酸和赖氨酸，在鸡料中蛋氨酸是第一限制性氨基酸。配合日粮中添加0.1%的蛋氨酸，可提高2%~3%蛋白质利用率。赖氨酸也是限制性氨基酸，添加量一般为日粮的0.05%~0.25%。

（2）微量元素。目前市面上出售的产品大多是复合微量元素。对于笼养鸡必须添加。缺硒的地方还应加入含硒添加剂。

（3）维生素。目前生产上使用的多数是复合维生素，实际使用时，应根据鸡的饲养方式、环境条件、饲粮组成、生长速度和健康状况来确定和调整。比如在接种疫苗时，应增加维生素A、E的用量，减少鸡的应激，另外在生产中如遇高温、寒冷、转群、疾病等情况，维生素的使用量也应增加。鸡维生素、微量元素添加量见表1-8。

表1-8 鸡维生素、微量元素添加量（每吨饲料添加量）

维生素、微量元素	雏鸡	育成鸡	产蛋鸡	种鸡
维生素 A（百万国际单位）	8.8	7.0	7.3	9.0
维生素 D（百万国际单位）	1.3	1.2	1.3	1.5
核黄素（克）	5.0	4.0	4.5	6.5
泛酸（克）	11.0	8.0	7.0	8.5
维生素 B_{12}（微克）	12.0	10.0	10.0	14.0
维生素 K（克）	1.5	1.5	1.5	1.5
叶酸（克）	0.75	0.75	0.75	1.0
生物素（克）	0.1	0.1	0.2	0.3
维生素 E（千国际单位）	11.0	9.0	6.0	11.0
氧化锰（克）	118.0	118.0	118.0	118.0
氧化锌（克）	75.0	75.0	75.0	75.0
硫酸铜（克）	20.0	20.0	20.0	20.0
硒酸钠（克）	0.47	0.47	0.47	0.47
烟酸（克）	24.0	17.0	17.0	24.0

2. 非营养性添加剂

主要包括保健促生长剂、防霉剂和抗氧化剂等。保健促生长剂的主要作用是防治疾病，保障健康，促进生长和产蛋，提高饲料利用率。常用的有以下几种。

（1）抗菌添加剂。主要有杆菌肽锌、泰乐霉素等。使用时要几种药交替使用，以防产生抗药性。

（2）驱虫保健剂。肉鸡养殖要添加抗球虫药，如氨丙林、氯羟吡啶、盐霉素、抗球虫粉等。使用时也要交替使用。

（3）抗氧化剂。主要有丁基化羟基甲苯、乙氧喹等，它能防止饲料中的某些成分氧化。饲料中的添加量为 0.01% ~ 0.015%。

（4）防霉剂。主要有丙酸钙、丙酸钠、山梨酸等，可以抑制霉菌的繁殖，保证饲料的质量。

（5）酶制剂。目前使用的酶制剂主要是消化酶，能促进饲料的消化吸收。常用的酶制剂主要有蛋白酶、纤维素酶、脂肪酶和淀粉酶等。

四、鸡的饲养标准

鸡的饲养标准是饲养工作者通过饲养和消化代谢等试验，结合生产实践中积累的经验，科学的规定家禽在不同品种、不同阶段和不同生产水平等条件下，每只鸡每天应给予的各种营养物质的数量。饲养标准中的项目有粗蛋白质、氨基酸、代谢能、矿物质和维生素的最低需要量，以每千克配合饲料的含量或%表示。参见表1-9~表1-12。

表1-9　蛋鸡生长期饲养标准

项目	周　龄		
	0~6	7~14	15~20
代谢能（兆卡/kg）	2.85	2.80	2.70
粗蛋白（%）	18.0	16.0	12.0
蛋白能量比（克/兆卡）	63	57	44
钙（%）	0.80	0.70	0.60
有效磷（%）	0.40	0.35	0.30
食盐（%）	0.37	0.37	0.37
蛋氨酸（%）	0.32	0.27	0.21
赖氨酸（%）	0.85	0.60	0.45
蛋氨酸+胱氨酸（%）	0.6	0.5	0.4
苏氨酸（%）	0.68	0.57	0.37
异亮氨酸（%）	0.60	0.50	0.40
色氨酸（%）	0.17	0.14	0.11

表1-10 产蛋鸡及种母鸡饲养标准

项目	周 龄		
	大于80	65~80	小于65
代谢能（兆卡/kg）	2.75	2.75	2.75
粗蛋白（%）	16.5	15.0	14.0
蛋白能量比（克/兆卡）	60	54	51
钙%	3.50	3.40	3.20
总磷（%）	0.60	0.60	0.60
有效磷（%）	0.33	0.32	0.30
食盐（%）	0.37	0.37	0.37
蛋氨酸（%）	0.36	0.33	0.31
蛋氨酸＋胱氨酸（%）	0.63	0.57	0.53
赖氨酸（%）	0.73	0.66	0.62
色氨酸（%）	0.16	0.14	0.14
异亮氨酸（%）	0.57	0.52	0.48
苏氨酸（%）	0.51	0.47	0.43

表1-11 肉用仔鸡饲养标准

项目	周 龄		
	1~3	4~6	7~8
代谢能（兆卡/kg）	3.0	3.0	3.0
粗蛋白（%）	21.6	18.8	16.9
蛋氨酸（%）	0.47	0.36	0.30
蛋氨酸＋胱氨酸（%）	0.88	0.68	0.57
赖氨酸（%）	1.13	0.94	0.80
精氨酸（%）	1.35	1.13	0.94
苏氨酸（%）	0.75	0.70	0.64
异亮氨酸（%）	0.75	0.66	0.57
色氨酸（%）	0.22	0.17	0.16

项目	周　龄		
	1～3	4～6	7～8
钙（%）	1.0	0.9	0.8
总磷（%）	0.7	0·65	0.6
有效磷（%）	0.44	0.4	0.35
食盐（%）	0.37	0·37	0·37

表 1－12　地方品种肉用黄鸡饲养标准

项目	周　龄		
	0～5	6～11	12 周龄及以上
代谢能（兆卡/kg）	2.80	2.90	3.00
粗蛋白（%）	20.0	18.0	16.0
蛋白能量比（克/兆卡）	71	62	53

其他营养指标参照生长期蛋用鸡和肉用仔鸡饲养标准折算。

五、鸡的日粮配方设计

根据家禽的营养需要、饲料的营养价值、原料的现状及价格等条件合理地确定各种饲料的配合比例，这种饲料的配比称作饲料配方。依据配方，选用最合理和最经济的饲料原料配合而成，满足家禽的营养需要，充分发挥家禽的生产能力，从而可获得数量多、品质好、成本低的产品。

（一）日粮配合的基本原则和步骤

1. 日粮配方基本原则

（1）选择适宜的饲养标准。实际生产中，应选择适合饲养的品种鸡的营养需要量。首先满足鸡对能量的需求，继而考虑饲料中能量与蛋白质的比例，其次还应考虑粗纤维、钙、磷的含量。

（2）饲料组成的体积不宜过大。应与鸡消化道大小相适应，鸡的消化道体积小，饲料体积过大，必然会影响饲料的消化和吸收；体积过小，使鸡群在满足营养需要的情况下，仍处于饥饿状态，也不利于生长。

（3）要考虑饲料的经济性。尽量使用营养价值高且价格低廉的原料，注意多种原料搭配，使营养物质完善，氨基酸互补，提高饲料利用率。

（4）保持鸡的饲料营养的稳定性。尽量少变动，变动时要有过渡期，以减少应激。

（5）预期采食量。设计鸡日粮配方时，还应考虑鸡的采食量，从而确定饲料中的养分浓度。

2. 日粮的配合基本步骤

（1）查所饲养鸡的饲养标准，得出各种营养物质的需要量（能量、粗蛋白质、钙、磷、氨基酸、矿物质、维生素等）。

（2）确定所用的原料种类。根据营养成分表，查出所用原料的营养成分。

（3）根据原料的数量、所含毒素的高低、价格等，确定一些原料的用量。一般谷实饲料：45% ~70%；麸糠类：5% ~15%；植物性蛋白质：10% ~25%；动物性蛋白质：3% ~7%；矿物质：5% ~8%；干草类：2% ~5%；微量元素和维生素添加剂：1% ~1.5%。

（4）初拟配方时只考虑能量、粗蛋白、氨基酸（赖氨酸、蛋＋胱氨酸）3 项指标，以能量和粗蛋白质的需要或者以能量和氨基酸的需要为依据，尽可能用人工合成氨基酸，降低成本，从而算出主原料玉米、豆粕、麸皮等的用量。

（5）在初拟配方的基础上，进一步用骨粉、磷酸钙和合成氨基酸调整钙、磷、氨基酸的含量。

（6）主要矿物质饲料的用量确定后，再调整初拟配方的百分含量，另外补加微量元素和多种维生素。

（二）配合饲料的类型

1. 添加剂预混料

由营养元素添加剂（维生素、微量元素、氨基酸等）和非营养元素添加剂（抗生素、驱虫剂、抗氧化剂等）组成。并以玉米粉或麦麸、豆饼为扩散剂，按规定配方进行预混而成。

2. 浓缩饲料

又称蛋白质补充饲料，是由蛋白质饲料、矿物质饲料及添加剂预混料组成的配合饲料半成品。这种浓缩饲料再加入一定比例的能量饲料，就可成为满足家禽营养需要的全价饲料。

3. 全价配合饲料

能满足家禽需要的全部营养，包括蛋白质、能量、矿物质和维生素等，可直接饲喂家禽，不需要再添加其他单体饲料。

第五节　鸡的饲养管理

一、雏鸡的饲养管理

雏鸡生存能力差，需要经过 5~6 周的人工育雏脱温后才能进入下一阶段，育雏期的饲养好坏直接影响鸡以后各阶段的生长发育，是鸡人工养殖过程中最为关键的一个环节。根据雏鸡的生理特点，采用科学的饲养管理措施，创造良好的环境条件，严防各种事故和疾病发生以获得较好的育雏结果。

（一）人工育雏的方式

育雏方式主要分为平面育雏和立体育雏。散养鸡和林下放养鸡多采用地面育雏，较大型的鸡场常采用网上育雏，对于育雏数量大又缺少足够房舍的养鸡户或养殖场可采用立体育雏。

1. 平面育雏

（1）地面育雏

农户养鸡大多数采用地面育雏。根据房舍条件不同，可选择水泥地面，砖地面，土地面或炕面育雏。在地面上铺设垫料，垫料要选择吸水性好没有霉变的材料，例如稻壳、麦秸、锯末、刨花等。垫料长度10cm左右为宜，厚度5cm左右，使用前需要进行日晒消毒。育雏室内需配有料槽、饮水器及供暖设备，此种方法简单易行，但存活率较低，雏鸡易感染球虫，具有占地面积大管理不方便等缺点。

（2）网上育雏

将雏鸡放在离开地面的铁丝网、竹片或塑料网上饲养即为网上育雏。散养户可采用小床网上育雏，较大型的鸡场可选择大群网上育雏。高度一般离地60～80cm，网面可分为1～1.2m宽的小栏，3日龄前可在网面铺设报纸或棉布，防止雏鸡卡脚。网上育雏的优点是雏鸡不与粪便接触，大大减少球虫病的爆发，且每床密度不大不易发生挤压死亡的现象。不足之处在于雏鸡不能接触地面，不利于微量元素的觅食，另外对通风换气的要求较高。

2. 立体育雏

对于育雏数量大又缺少足够房舍的养鸡户或大型规模场来说可以采用立体育雏。即将雏鸡养在分层育雏笼内，多采用3～5层，笼子离地30cm起，层高40cm左右，两层笼具之间须设有承粪盘，笼体下密上稀，防止鸡逃出。要注意定期清理粪便保持清洁。立体育雏能有效利用空间，加大育雏量，但前期设备投入较大，对管理技术要求也相对较高。

（二）育雏前的准备

在购进雏鸡前，必须提前做好各项育雏工作。这些准备工作包括：

1. 人员选择

育雏是养鸡过程中最繁杂、细致、艰苦的工作，要求育雏人员具有事业心、责任心强，热爱育雏工作，并经过一定的技术培训，掌握了一定的育雏知识，积累了一定的育雏经验，并能遵守育雏规程。

2. 育雏舍的准备

育雏舍应位于其他鸡舍的上风向，与其他鸡舍保持在100m上的距离，禁止不同日龄鸡混养，减少疾病的传播。

3. 房舍和设备的准备与维修

育雏舍要求地势高燥，环境安静。育雏前要对鸡舍进行检查，注意保温，门窗、墙壁、顶棚无破损，不漏风、漏雨，堵塞鼠洞。

4. 准备用具

育雏的主要用具有饮水器、料槽、供热器等。要求用具数量充足，每只雏鸡能同时饮水和吃料，高低大小适中、结构合理，减少饲料浪费。

5. 消毒工作

育雏前一定要先清除育雏舍周围的杂物，并进行严格的消毒清洁。包括墙面、地面、鸡笼粪盘、饲槽、饮水器等。消毒顺序：冲洗→干燥→药物消毒→熏蒸消毒→通风。

（三）育雏的必备条件

1. 环境温度

74

刚出壳的幼雏鸡，绒羽稀薄，抗寒能力差，本身体温调节机能尚不健全，必须人工给予适宜的环境温度才能维持正常的生命活动以利健康生长。育雏温度应根据具体情况调整，随季节、鸡种、饲养方式不同有所差异。

育雏温度测定，是以雏鸡能直接感受到的温度为准。平养，温度计应挂在育雏器边缘距垫料5cm，相当于鸡背高处的位置。笼养，可在笼内热源区离底网5cm处及笼外离地1m高处各挂一个温度计，分别测定笼温和室温。

除了温度计测量，也可以通过观察鸡群的表现来控制。温度太高，鸡群远离热源张开翅膀，开口喘气，饮水量增加。温度过低，鸡群靠近热源，扎堆，身体发抖。有贼风进舍，鸡群往往聚集于远离进风口的一方。无论出现以上哪种情况，都需要及时消除影响因素，为鸡群创造一个适宜的环境温度。

表1-13 雏鸡不同日龄最适温度

日龄（天）	1~3	4~7	8~14	15~21	22~28	29~35	36天以后
温度（℃）	33~35	30~33	27~30	25~27	22~25	18~25	15~25

2. 环境湿度

湿度大小对雏鸡生长发育影响很大。刚出壳的雏鸡体内含水分70%左右，在环境温度较高的条件下，如果育雏室过分干燥，雏鸡就会随呼吸散发大量的水分，不利于雏鸡腹中蛋黄的吸收，影响羽毛生长，同时过分干燥还会刺激雏鸡呼吸道，增加呼吸道疾病的发生率。育雏室内的湿度可使用干湿球温度计来测定，维持在60%~70%为宜。最简便的方法就是喷雾加湿，或者在地面洒水增加湿度。湿度适宜时，鸡群振翅没有扬尘，雏鸡脚爪润泽细嫩，精神状态良好。

3. 通风

通风和保温是相互矛盾的，需要把握好度量才能达到较好的育雏效果。通风可以排出室内污浊空气更换新鲜空气，避免氨气刺激眼鼻，每天应定时进行。第一周雏鸡排泄较少，以保温为主，第二周后可适当加大通风量。通风换气之前可以先将舍温提高 1℃~2℃，这样既能良好的进行通风又不至于鸡群失温。

4. 密度

饲养密度是指每平方米有效面积饲养的鸡数。饲养密度与育雏室内的空气状况与鸡群中恶癖的产生有着直接关系。密度过小，房舍设备利用率低成本增加，密度过大空气中氨气等有害气体过多，不利于雏鸡生长发育。

表 1-14　雏鸡饲养密度

周龄	立体育雏 （只/m²）	地面育雏 （只/m²）	网上育雏 （只/m²）
0~2	60~70	25~30	35~40
3~4	40~50	20~25	25~30
5~6	20~30	10~20	20~25

5. 光照

初生雏鸡视力差，为使雏鸡能及早熟悉环境，尽快饮水和吃料，需给雏鸡提供合适的光照条件。照明灯具在鸡舍内要分布均匀，无死角，定期除尘更换损坏灯泡，保持光照强度。

表 1-15　鸡舍光照强度

周龄	光照时间（小时）
1	24
2	24~20
3	20~18
4	18
5	16
6	14

（四）开食和饮水

雏鸡出壳后，因呼吸和排粪等损失大量水分，使体重不断下降，急需补充水分。雏鸡对水的需要比吃料更重要。因此尽快教会雏鸡饮水，是提高育雏成活率和培育壮雏的关键。雏鸡出壳后，待绒毛干后 12～24 小时开始饮水。开始时可喂些温开水（16℃～20℃），水中可添加葡萄糖水（5%～8%）、0.1% 的维生素 C，或 0.01% 的高锰酸钾。饮水器要保证足够的数量，初饮时每 100 只雏鸡有 3 个 4.5L 的塔式饮水器。饮水器均匀分布，每天至少换水 2 次以上，并定期对饮水器进行清洁消毒。及时调整饮水器高度，水位线保持与鸡背平行。

雏鸡进舍后，第一次吃料叫开食。开食的时间一般在饮水后 3 小时左右，当雏群中有 1/3 的个体有寻食表现时就开食。开食饲料一定要新鲜，颗粒大小适中，易于雏鸡啄食。可将碎玉米、碎小麦等泡软后进行饲喂。小鸡有模仿性，只要有几只先开食，其余的就会跟着吃料，饲养员也可有节奏的敲打诱导雏鸡啄食。完成开食后就可以让鸡群自由采食了，采用"少给勤添"的饲喂原则。每次喂食时长不超过 30 分钟，初期一天饲喂 2～3 次，3 天至 2 周每天饲喂 5～6 次，以后每天饲喂4～5 次。

（五）观察鸡群

饲养员除了对鸡群定时喂料、喂水外，还应经常观察鸡群。观察鸡群的精神状态，可以了解通风和温度情况；观察食欲好坏，可以了解饲料喂量是否适宜，饲料适口性如何；观察粪便的颜色、干湿度等，可以了解雏鸡的消化和疾病情况。另外，还应定期称重，随机抽查一部分鸡，可以看出生长发育情况是否符合要求，只有勤观察，才能发现问题，及时解决。

（六）雏鸡的断喙

为了防止啄癖的发生，最有效的办法是断喙。断喙常在 7 ~9 日龄进行，使用专门的断喙器。方法是用大拇指按住雏鸡的头部、食指抵住雏鸡的下颌，放在断喙器上，看准上喙 1/2 部位倾斜断下，下喙断 1/3，灼烧 2 秒左右，断喙后下喙略长于上喙。断喙前 1 天可在饲料（5mg/kg）或饮水（2mg/L）中添加维生素 K，断喙期间避免使用磺胺类药物。

二、育成期的饲养管理

育成鸡一般是指 7 ~ 19 周龄的鸡，育成期的饲养管理关系到鸡群能否高产、稳产。蛋鸡在育成期期间，始终要保持一个稳步均匀的生长速度，体重符合品种标准，才能获得高产。而散养鸡，进入育成阶段后就要开始散放饲养。育成期常采用一定程度的限制饲养，要定期称重，根据体重达标与否来决定是否限饲。同时通过限制光照，使鸡群在预定的时间进入性成熟。

（一）饲喂方法

1. 规模场的饲喂方法

每个鸡种都有它的体重标准，符合标准体重的鸡，说明生长发育正常，以后产蛋性能好饲料报酬高。由于各地气候环境和饲料条件等有所不同，不可能照所提供的参考量来饲喂鸡就能达到体重标准，而是要通过检查体重是否符合标准来调整饲料的喂给量。控制体重的方法是固定时间空腹随机称重，两周一次为好，抽样数量一般为鸡群的 2% ~ 5%。抽样称重的平均数与标准体重比较，相差最大允许范围为 ±10%，超过这个范围说明体重不符合标准要求，就应控制或增加饲料喂量。鸡群体重的均匀度是指群体内体重在标准体重 ±10% 范围内的个体所占的比。均匀度保持在80%及以上较好。

$$体重均匀度 = \frac{平均体重 \pm 10\% 的鸡只数}{取样总只数} \times 100\%$$

限饲的方法分为限质、限量和限时等。限质就是降低饲料中的蛋白质含量，降至12%～13%。限量就是只饲喂自由采食量的80%～90%的全价饲料，保持饲料质量不变。限时法又分为以下几种：每天限饲，将一天的料一次投放；隔天饲喂，隔一天喂一次料，每次投喂两天的量；五二限饲，每周喂料五天停料两天。

2. 散养鸡的饲喂方法

育成期后期的散养鸡容易肥胖，也需要通过限制饲喂来控制体重。日粮中的蛋白质含量维持在16%～17%为佳，能量水平保持12.4～12.6MJ/kg，添加青饲料和糠、麸类饲料。散养鸡一般采用干喂法，育成前期每天4～5次，育成后期降至每天2次，饲喂量以次日早晨料槽内刚好吃空为宜。

（二）适当的光照

育成阶段光照的主要作用是影响生殖系统发育控制性成熟时间。8周龄之前光照时间和强度对性成熟的影响较小，但在育成中后期影响显著。理论上，随着周龄的增加光照时间应逐渐缩短，但进入产蛋期的前期需要增加光照。密闭式鸡舍不受自然光照时长的影响，可完全由人控制光照时间，一般安排每天8小时左右。商品山鸡则应在夜间适当增加光照以促进采食提高生长速度。

（三）分群管理

蛋鸡在育成期要根据称重及日常检查将体重根据大小分组安置，分群后采取"抑大促小"政策调整饲喂量，使之逐渐向标准体重靠近。散养鸡分区要求比较多，首先公鸡母鸡分群饲养；日龄不同的鸡也要分群饲养；最后按照体重、发育差异分群。

三、产蛋期的饲养管理

商品蛋鸡18周龄时，开始实施产蛋期的饲养管理技术。产蛋期的长短视经济效益的有无而定，一般是72周龄左右，最后当产蛋收入低于生产支出时，即将全部产蛋鸡淘汰出售。产蛋期的饲养管理非常重要，它直接制约着养殖户的生产效益。

（一）产蛋鸡的饲喂

1. 产蛋前期限制饲养。18～25周龄为产蛋前期，开产前3周将饲料中的钙含量提高到2%，维生素和微量元素含量提高到蛋鸡料水平，20周龄开始喂含钙量3%、蛋白质含量为15%的中鸡料；25周龄开始喂蛋白质含量为16%的蛋鸡料。产蛋前期一定要采取这种限制饲养方法，否则产蛋鸡将发生严重的脱肛和啄肛现象而造成惨痛的经济损失。尤其不要过早使用蛋鸡料。

2. 产蛋高峰期自由采食。28周龄或产蛋率在90%以上为产蛋高峰期，产蛋高峰期前后可以维持10周左右。在此阶段应采取"两净一剩"自由采食方法喂足喂够。即每天早晨投喂时食槽内有料剩余，中午、晚上投喂前槽内清空。每天两次饮水高峰，中午11：00～13：00和关灯前一小时内保证充足饮水。饲料应给与优良、营养均衡的高蛋白、高钙日粮。

3. 产蛋高峰期后定量喂料。35～58周龄或产蛋率在70%～85%，产蛋率从高峰期下降，仍然要给以足够的饲料，为了不浪费饲料可采取定量喂料的方法。每天上午8时喂料时检查料槽不能剩料太多，以免剩料长久存底便会板结、酸败和霉变，但槽底也不能完全现出。

80

4. 产蛋后期限制饲养。43～72周龄为产蛋后期，此时饲料成分需要调整，蛋白质降低0.5%～1%，适当补充钙质。轻型蛋鸡不需要限饲，中型蛋鸡需要限饲。从产蛋高峰后的第三周开始，每100只鸡每日饲料饲喂量减少220g左右，持续3～4天。另外，在全群淘汰前的3～4周可逐渐增加光照刺激多产蛋。

5. 产蛋鸡的饮水。产蛋鸡在21℃时的饮水量通常是采食量的2倍，寒冷天气要少些，炎热天气可多达4倍以上，水槽中应经常保持有水，每次打开水龙头灌水时不能灌满水槽，应灌到水槽高度的2/3。最宜水温为13℃～18℃，冬天不得低于0℃，夏天不得高于27℃。注意观察或记录每天的饮水量，因为疾病发生前1～2天往往饮水量要减少，观察到这个现象就可提前诊治。

（二）产蛋期的环境条件

1. 温度。产蛋鸡最适温度是13℃～25℃，其中13℃～16℃是产蛋效率最高，15.5℃～25℃时产蛋饲料效率最高。

2. 湿度。产蛋鸡舍的相对湿度应保持在60%～65%，在温度适宜的情况下，湿度在40%～70%之间对鸡影响不显著。

3. 通风。产蛋鸡舍在舍温不低于7℃的前提下应尽量敞开通风，密闭式鸡舍需要采取机械通风。每小时至少应有0.85m^{3}的通风量。

4. 密度。饲养密度由饲养方式决定。

表1-16 蛋鸡的饲养密度

	轻型蛋鸡（只/m^2）	中型蛋鸡（只/m^2）
垫料地面	6.2	5.3
网状地面	11.0	8.3
笼养	26.3	20.8

5. 槽位。每只产蛋鸡平均需料槽长度 9cm、水槽 5cm、料槽边缘高度 6cm。

（三）光照

中鸡到 20 周龄时应将育成期的光照方案改成产蛋期的光照方案。产蛋期的光照原则是每天的光照时间只能延长或保持一定，绝不能缩短，但光照最多不超过 17 小时，强度保持 20 Lx ~ 30 Lx。

（四）除粪

鸡舍内的氨气和硫化氢有害气体及鸡舍湿度主要来源于鸡粪。所以原则上应该每天清除粪便，但考虑到除粪的劳动强度较大和操作上不方便，可以每周除粪一次。

（五）夏天降温和冬天防寒

夏秋之间高温高湿、鸡舍里的热量积聚起来使舍内温度高达 32℃以上。当舍温达 32℃时，鸡群全部张口呼吸，产蛋量明显下降；舍温达 35℃时，鸡就要中暑，出现死亡。因此，必须采用各种方法降温，同时降低饲养密度。

严冬早春之间即使在南方鸡舍温度也可能降至 0℃以下。舍温降到 7℃，产蛋量开始下降，耗料量开始增加；舍温降到 5℃，产蛋量明显下降，耗料量明显增加；舍温降到 0℃以下，产蛋逐渐停止，鸡群发生死亡。为此，必须在冷天采取防寒措施，使舍温不低于 7℃，若能保持在 13℃以上更好。

（六）带鸡消毒

带鸡消毒就是在消毒笼具、料水槽、走道、门窗、墙壁和天花板的同时，连带鸡群一起进行消毒。带鸡消毒是最好的消毒方法，但是不是所有的消毒药都能进行带鸡消毒，需要严格选择消毒药物，目前常使用 0.05% ~ 0.1% 百毒杀或 0.3% 过氧乙酸。带鸡消毒一般在晚上关灯后进行。若鸡不惊群也可在白天进行。每周除粪后第二天进行带鸡消毒最好。带鸡消毒还有沉降粉尘、防暑降温、增加湿度等优点。但在冬天不宜进行带鸡消毒，否则因鸡体过冷，应激过大而造成减产和发病的不良后果。

（七）检查鸡群

为了做到对鸡群的健康状况心中有数，而且一旦发生传染病可以得到及时治疗和处理，必须坚持每天检查鸡群。检查鸡群最好的时间是在上午8：00和下午2：00喂料时，凡是不吃料的鸡都应该进行仔细检查，病弱鸡就该淘汰，可疑病鸡就该放到笼具尾部接受观察治疗，发现死鸡要马上抓出舍外解剖，以确定病因进行处理。这样，一个鸡群就会始终处在健康状况良好，生产正常的状态之中。检查人员除了饲养员外，若是技术人员则必须做好严格消毒，穿戴工作服、鞋、帽才能进鸡舍。

第六节 鸡病防治与环境卫生

一、消毒

（一）消毒的意义

消毒的主要意义在于预防传染病，传染病通过一定的传播途径不断从传染源（被感染动物）向易感动物传播。消毒是防止鸡个体和群体间交叉感染的主要手段，其作用就是要切断病原体的传播途径，切断传染链条，使病原体失去传染能力。当发生重大疫情时，消毒还可以有效地控制疫病流行，保护受威胁的养殖场和减少疫区养殖场的损失。因此，消毒是预防鸡传染病发生和流行的重要措施。

（二）消毒对象

1. 空舍消毒

清扫和洗刷：机械清扫后，舍内细菌数减少 20% 左右，清扫后用清水冲洗，舍内细菌数可减少 50% ~ 60%，清扫冲洗后再使用药物喷洒，舍内细菌数可减少 90% 左右。

消毒药喷洒或熏蒸：鸡舍清扫冲洗后，用消毒药进行喷洒或熏蒸。消毒时一般从离门远处开始，依次对墙壁、顶棚、地面进行消毒，再从内向外将地面重复喷洒一遍。关闭门窗 2 ~ 3 小时后通风换气，再用清水冲洗将残留消毒剂清除干净。

一般要求用 2 ~ 3 种不同作用类型消毒药进行多次消毒。建议第一次用碱性消毒剂，第二次用酚类或氧化剂，第三次用甲醛熏蒸消毒。

2. 鸡舍带鸡消毒

这是饲养期的日常消毒工作，不仅对预防各类传染病有重要作用，还可以沉降舍内粉尘，防暑降温，增加湿度，改善鸡舍环境。鸡群大于 7 日龄即可带鸡消毒，一般育雏鸡每周 1 次，育成鸡 7 ~ 10 天 1 次，成鸡 10 天一次。发生疫病时，每天 1 次。所用消毒剂一般选用无不良气味、无刺激性且无残留的药物，如新洁尔灭、过氧乙酸、次氯酸钠等。

3. 饮水消毒

饮水是传染病传播的重要渠道，对饮水的彻底消毒和水源保护尤为重要。饮水器必须每天清洗消毒。消毒方法主要有物理消毒法和化学消毒法两种，生产中最常用的是煮沸消毒法、漂白粉消毒法和含氯消毒剂。需注意的是饮水消毒应使用低毒性消毒剂并按规定浓度使用，以确保对家禽无害，不发生中毒。

4. 环境消毒

环境消毒最简便的方法是通风和过滤，其次是利用紫外线杀菌或甲醛气体熏蒸或过氢乙酸熏蒸等化学药物进行消毒，此外，各禽舍之间的周围环境，包括过道、防水沟、间隔区等应定期冲洗，并用高压喷洒装置在场区内喷洒消毒。

5. 人员消毒

对养殖场来说，人是最大的传染源，特别是从事与养殖相关的人员，因此人员的隔离和消毒制度非常重要，规模化养殖场人员应做到以下几点。

（1）饲养人员保持自身卫生、身体健康，如发现患危害人及鸡的传染病，应尽快隔离。

（2）饲养管理人员离场后后场需在生活区隔离 3 天，经沐浴更衣消毒后方可进入生产区。

（3）工作人员不能带饭，更不能将生肉等食物带入场内。

（4）所有进入生产区人员应先经过场区门前消毒池，更衣室更衣，消毒液洗手，生产区门口消毒和鸡舍门前消毒后才可进入。

（5）场区禁止参观，严格控制非生产人员进去生产区，严禁外来车辆入内。

（6）建立严格兽医卫生防疫制度，生产场区和生活区分开。

（7）对死亡鸡的检查、剖检等应在兽医诊疗室内进行，尸体应进行无害化处理。

6. 其他设备消毒

车辆和周转箱、蛋箱等设备是疫病传播的主要媒介之一，在生产过程中，因消毒不足会导致鸡场疫病发生。在鸡场大门应设立消毒池，有条件的鸡场采用自动喷淋系统对整个车辆进行彻底消毒。对周转箱、蛋箱的消毒，一般为先水洗，再用消毒药浸泡或喷洒。

（三）常用消毒药

按照消毒剂的化学结构分类，目前使用的消毒剂有数十种。

1. 醛类消毒剂

常见的有甲醛和戊二醛两种。甲醛消毒效果良好，价格便宜，使用方便，但有刺激性气味，近年研究表明甲醛对人体有害。戊二醛被称为冷消毒剂，作为怕热物品的消毒，对物品腐蚀小，但作用较慢。

2. 酚类消毒剂

主要杀灭细菌繁殖体和病毒，对细菌芽孢和真菌作用不大，生产上常用的酚类消毒剂有苯酚、煤酚皂溶液、农福等。

3. 醇类消毒剂

这类消毒剂可杀灭细菌繁殖体，但不能杀死芽孢，主要用于皮肤的消毒。目前常用的醇类消毒剂主要有乙醇、异丙醇、甲醇、三氯叔丁醇、苯甲醇等。研究表明，其与戊二醛、碘附等配伍，可增强其消毒作用。

4. 季铵盐类消毒剂

对细菌繁殖体有广谱杀灭作用，但不能杀死芽孢和亲水病毒。其毒性小，稳定性好，一般用于皮肤、黏膜和环境的消毒。常见的季铵盐类消毒剂有新洁尔灭、百毒杀、灭毒霸等。

5. 过氧化物类消毒剂

此类消毒剂杀菌作用强而迅速，能杀灭各种细菌、病毒和真菌，高浓度时可杀灭细菌芽孢，其缺点是不稳定，易分解。常用的过氧化物类消毒剂有过氧乙酸、过氧化氢（双氧水）。

6. 烷基化气体消毒剂

这类化合物主要用于一次性医疗卫生用品消毒灭菌，杀菌作用强大，效果可靠，但存在易燃易爆等缺点，目前在用的主要有环氧乙烷和环氧丙烷。

7. 碘和其他含碘消毒剂

碘类消毒剂对细菌繁殖体、结核分枝杆菌、芽孢、真菌孢子和多种病毒有杀灭作用，且速度较快，常用的主要有碘附、碘酊和威力碘。

8. 含氯消毒剂

这类消毒剂溶于水后可产生有杀菌活性的次氯酸，分为无机含氯消毒剂和有机含氯消毒剂。常见的无机含氯消毒剂主要有漂白粉，漂白粉精、三合二等，其对细菌繁殖体、芽孢、病毒和真菌都有杀灭作用，还可破坏肉毒杆菌毒素。有机含氯消毒剂主要有二氯异氰尿酸钠、氯胺T、抗毒威、卤代氯铵等。

9. 其他化学消毒剂

其他常用的消毒剂如高锰酸钾、氢氧化钠、氧化钙、乳酸、硼酸、甲紫溶液等，其针对不同受体，消毒效果不一，应根据具体情况进行选择。

（四）常用消毒方法

1. 物理消毒法

主要有过氯消毒技术、热力消毒技术和辐射消毒技术。还包括机械清扫、洗刷及通风换气、日光暴晒等。

2. 化学消毒法

采用化学药品或消毒剂进行消毒，主要应用于鸡场内外环境、鸡笼、禽舍及饮水消毒。常用的方法有浸泡法、擦拭法、熏蒸法及喷雾法等。

3. 生物消毒法

利用微生物氧化分解污物中的有机物时所产生的大量热能来杀死病原体。常见的方法有地面泥封堆肥发酵法和坑式堆肥发酵法等。

（五）影响消毒的因素

1. 消毒剂的浓度

消毒剂浓度是决定效果的首要因素。消毒剂剂量包括了消毒强度和时间两个方面，应根据消毒对象和消毒的病原体类型选择适宜的消毒剂和最佳浓度进行消毒。

2. 环境温度

一般来说，随消毒环境温度的升高，消毒药的效力增加，但有些药品如氯制剂、碘制剂等具有易挥发性。高温反而导致效果降低。

3. 环境中有机物

环境中有机物，如血液、污水、排泄物等，一方面起着保护病原体的作用，使消毒剂不能直接接触病原体；另一方面也可与消毒药发生化学反应，从而降低消毒效果。故消毒前应将环境中有机物、杂物彻底清除掉。

4. 病原体的数量和种类

不同种类的病原体对消毒药的敏感性不同，应根据病原体的情况进行选药。总体来说细菌芽孢对消毒剂抵抗力最强、敏感性最差，细菌繁殖体，特别是革兰氏阳性菌繁殖体对消毒剂敏感性最高。

5. 消毒药物间拮抗作用

两种化学消毒药合用时，有时会产生拮抗作用而使药效降低。如阳离子表面活性剂遇到肥皂或阴离子物质时作用会降低，酸性或碱性消毒剂会被碱性或酸性的物质所中和等。

6. 环境湿度

消毒环境相对湿度对气体消毒和熏蒸消毒的影响十分明显，湿度过高或过低都会影响效果，一般熏蒸的相对湿度为60%~80%，紫外线在相对湿度60%时杀菌力较强。

二、免疫

免疫接种是给动物接种疫苗或免疫血清，使动物机体自身产生或被动获得对某一病原微生物特异性抵抗力的一种手段。通过免疫接种，使动物产生或获得特异性抵抗力，预防疫病的发生，保护人、畜健康，促进畜牧业生产健康发展。

（一）疫苗种类

常规的疫苗主要是由细菌、病毒等微生物通过致弱或灭活后制成的一类生物制品。常规疫苗按其病原微生物性质分为活疫苗、灭活疫苗、类毒素。现在，利用分子生物学、生物工程学、免疫化学等技术研制的新型疫苗应用也越来越广泛，主要有亚单位疫苗、基因工程疫苗、合成肽疫苗，核酸疫苗等。

1. 活疫苗

活疫苗是指用通过人工诱变获得的弱毒株，或者是自然减弱的天然弱毒株（但仍保持良好的免疫原性），或者是异源弱毒株所制成的疫苗。例如，猪瘟活疫苗、鸡马立克氏病活疫苗（Ⅱ型）等。

其优点主要是：（1）免疫效果好。接种活疫苗后，活疫苗在一定时间内，在动物机体内有一定的生长繁殖能力，机体犹如发生一次轻微的感染，所以活疫苗用量较少，而机体所获得的免疫力比较坚强而持久。（2）接种途径多。可通过滴鼻、点眼、饮水、口服、气雾等途径，刺激机体产生细胞免疫，体液免疫和局部黏膜免疫。

其缺点主要是：（1）可能出现毒力返强。一般来说，活疫苗弱毒株的遗传性状比较稳定，但由于反复接种传代，可能出现病毒返祖现象，造成毒力增强。（2）贮存、运输要求条件较高。一般冷冻干燥活疫苗，需要 -15℃ 以下贮藏、运输。因此具有低温贮藏、运输设施，进行贮藏、运输，才能保证疫苗质量。（3）免疫效果受免疫动物用药状况影响。活疫苗接种后，疫苗菌毒株在机体内有效增殖，才能刺激机体产生免疫保护力，如果免疫动物在此期间用药，就会影响免疫效果。

2. 灭活疫苗

灭活疫苗是选用免疫原性良好的细菌、病毒等病原微生物经人工培养后，用物理或化学方法将其杀死（灭活），使其传染因子被破坏而仍保留其免疫原性所制成的疫苗。灭活疫苗根据所用佐剂不同又可分为氢氧化铝胶佐剂、油乳佐剂、蜂胶佐剂等灭活疫苗。

其优点主要是：（1）安全性能好，一般不存在散毒和毒力返祖危险；（2）一般只需在 2℃ ~8℃ 贮藏和运输条件，易于贮藏和运输；（3）受母源抗体干扰小。

其缺点主要是：（1）接种途径少。主要通过皮下或肌肉注射免疫。（2）产生免疫保护所需时间长。灭活疫苗在动物体内不能繁殖，因而接种剂量较大，产生免疫力较慢，通常需2~3 周后才能产生免疫力，故不适于用作紧急预防免疫。（3）疫苗吸收慢，注射部位易形成结节，影响肉质。

3. 类毒素

将细菌在生长繁殖中产生的外毒素，用适当浓度（0.3% ~0.4%）甲醛溶液处理后，其毒性消失而仍保留其免疫原性，称为类毒素。类毒素经过盐析并加入适量的磷酸铝或氢氧化铝胶等，即为吸附精制类毒素，注入动物机体后吸收较慢，可较久地刺激机体产生高度滴度抗体以增强免疫效果。

如破伤风类毒素，注射一次，免疫期 1 年，第二年再注射一次，免疫期可达4年。

4. 新型疫苗

（1）基因工程亚单位疫苗，如仔猪大肠埃希氏菌病 K88、K99 双价基因工程疫苗，仔猪大肠埃希病 K88、LTB 双价基因工程疫苗；

（2）基因工程基因缺失疫苗，如猪伪狂犬病病毒 TK/gG 双基因缺失活疫苗、猪伪狂犬病病毒 gG 基因缺失灭活疫苗；

（3）基因工程基因重组活载体疫苗，如禽流感重组鸡痘病毒载体活疫苗；

（4）合成肽疫苗，如猪口蹄疫 O 型合成肽疫苗。

（二）免疫接种类型

根据免疫接种的时机不同，免疫接种的类型可分为预防接种、紧急接种和临时接种。

1. 预防接种

预防接种指在经常发生某类传染病的地区，或有某类传染病潜在的地区，或受到邻近地区某类传染病威胁的地区，为了预防这类传染病发生和流行，平时有组织、有计划地给健康动物进行的免疫接种。

2. 紧急接种

紧急接种指在发生传染病时，为了迅速控制和扑灭传染病的流行，而对疫区和受威胁区尚未发病的动物进行的免疫接种。紧急接种应先从安全地区开始，逐头（只）接种，以形成一个免疫隔离带；然后再到受威胁区，最后再到疫区对假定健康动物进行接种。

3. 临时接种

临时接种指在引进或运出动物时，为了避免在运输途中或到达目的地后发生传染病而进行的预防免疫接种。临时接种应根据运输途中和目的地传染病流行情况进行免疫接种。

（三）免疫程序的制定

搞好免疫接种，是预防鸡场疫病流行的重要措施，应该注意的是，免疫程序的制定，要考虑本地区疫病流行情况、鸡的母源抗体状况、免疫病种的发病日龄和发病季节，同时也要考虑免疫时间间隔和以往免疫效果。制定一个好的免疫程序，不仅要有严密的科学性，而且要符合当地鸡群的实际情况，也要考虑疫苗厂家和鸡苗生产厂家推荐的免疫程序。

常见免疫程序推荐如表 1 - 17 ～ 表 1 - 19 所示。

表 1 - 17　商品蛋鸡免疫程序推荐表

日龄	疫苗名称	免疫方法	免疫剂量
1	马立克	颈部皮下注射	1.0 头份
	立克法（法氏囊）	颈部皮下注射	1.0 头份
	新支冻干苗（C45 + H120）	喷雾	1.0 头份
8	新支冻干苗	点眼	1.0 头份
	新支流灭活苗	颈部皮下注射	0.3mL/羽
	鸡痘	刺种	1.5 ~ 2.0 头份/羽
18	高致病性禽流感灭活苗	颈部皮下注射	0.5mL/羽
32	新支冻干苗	点眼、滴鼻	1.5 头份/羽
	新支流灭活苗	颈部皮下注射	0.5mL/羽
45	禽流感 H5N1re - 8 + H7N9re - 1	颈部皮下注射	0.5mL/羽
	传染性鼻炎疫苗 A + B + C	肌注	0.5mL/羽
80	脑炎 + 鸡痘疫苗	刺种	1.0 头份
90	新支冻干苗	饮水	2.5 ~ 3.0 头份
100	传染性鼻炎疫苗 A + B + C	肌注	0.5mL/羽

日龄	疫苗名称	免疫方法	免疫剂量
	新支冻干苗	点眼	2.0头份
120	新支减流灭活苗	肌注	0.7mL/羽
	高致病性禽流感灭活苗	肌注	0.5mL/羽
280～	新流灭活苗	肌注	0.5mL/羽
300	高致病性禽流感灭活苗	肌注	0.5mL/羽

4～5月龄时，根据集群具体的免疫抗体水平进行适时补免。

表1-18 白羽肉鸡免疫程序推荐表

日龄	疫苗名称	免疫方法	免疫剂量
	马立克＋法氏囊（立克法）	颈部皮下注射	1.0头份
1	新支流灭活苗	颈部皮下注射	0.2mL/羽
	新支冻干苗	喷雾免疫	1.0头份/羽
15	新禽冻干苗	喷雾免疫	2.0头份/羽
20	新支冻干苗	饮水免疫	2.0头份/羽

表1-19 商品黄羽肉鸡免疫程序推荐表

日龄	疫苗名称	免疫方法	免疫剂量
1	马立克＋立克法	颈部皮下注射	1.0头份/羽
	新支冻干苗	点眼、滴鼻	1.0头份
7	新支流灭活苗	颈部皮下注射	0.3mL/羽
	鸡痘	刺种	1.5头份/羽
15	高致病性禽流感灭活苗	颈部皮下注射	0.5mL/羽
28	新流灭活苗	颈部皮下注射	0.5mL/羽
45	高致病性禽流感灭活苗	颈部皮下注射	0.5mL/羽
50	新支冻干苗/新禽冻干苗	饮水	2.0头份/羽

（四）免疫注意事项

1. 免疫时，应根据当地疫病流行情况、日龄和母源抗体水平制定合理的免疫程序，并根据免疫程序实施免疫计划。

2. 在免疫接种疫苗之前，必须了解鸡群健康情况，鸡在患病期间禁止接种疫苗。

3. 疫苗接种前后 3 天内，饮水中应加抗应激类药品，如电解多维、延胡索酸等，以缓解鸡群接种疫苗产生的不良反应。

4. 进行免疫接种前后 3 天内，应禁止给鸡舍消毒、给鸡群喂药，避免影响免疫效果。

5. 疫苗免疫剂量应按照说明书上规定进行，不可过多或过少，否则均会影响免疫效果。

6. 稀释疫苗不宜使用金属用具，疫苗稀释后应放置阴凉处，避免日光照射，稀释好的疫苗应立即使用，并于 2 小时内用完。

7. 鸡群使用滴鼻、点眼免疫时，滴后应停 1~2 秒后再放鸡，以确保药液被吸收。

8. 饮水免疫的稀释用水可选用蒸馏水、冷开水或清洁的深井水，不应使用热开水或含重金属离子、漂白粉等消毒剂的水。饮水时添加 0.1%~0.2% 的脱脂奶粉，免疫效果极佳。在饮水免疫前应停水一定时间，一般 2~4 小时。应根据舍内温度适当调整，饮水免疫应有足够饮水器，以保证 2/3 的鸡都能同时饮水。含有疫苗的水应在 1~2 小时内饮完。饮水免疫后，应对饮水器毒处理。

9. 疫苗接种工作结束后应立即用清水洗手并消毒，用过的器具应进行严格消毒处理或深埋处理，不可乱扔乱放，避免活毒疫苗侵袭鸡群，造成危害。

10. 接种疫苗前后，要加强鸡只饲养管理。严格控制环境卫生，防止鸡群在没完全产生免疫力前感染强毒，而导致免疫失败。

三、常见病的防治

（一）新城疫

鸡新城疫是由鸡新城疫病毒（属副黏病毒）引起的禽类的急性、高度接触性传染病。以呼吸困难、下痢、神经症状、绿色粪便、黏浆膜出血为主要特征。本病发病急、致死率高，被国际兽医局定为 A 类烈性传染病。

1. 临床症状

根据临床发病特点分为典型和非典型两种。

典型新城疫：发病率和死亡率很高，各年龄鸡均可发生。先出现急性死亡，随后出现典型症状，体温升高，精神萎靡，鸡冠及肉髯暗红或发紫，张口呼吸、发出"咯咯"声，粪便稀薄、呈绿色或黄绿色，后期会出现腿翅麻痹，运动失调，头颈向一侧扭曲或头颈后仰，一般 2~5 天死亡。

非典型新城疫：出现不同程度的呼吸症状，粪便呈绿色、黄白色，头颈向一侧扭曲或头颈后仰，成年鸡产蛋下降，死亡率较低。

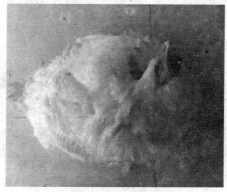

图 1-5　观星状

图 1-6 精神沉郁

2. 剖检病变

图 1-7 腺胃乳头出血

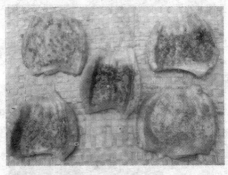

图 1-8 盲肠扁桃体出血

剖检可见各处黏膜和浆膜出血，特别是腺胃乳头或乳头间、气管、支气管，尤其是十二指肠及浆膜出血，盲肠扁桃体出血，卵泡变性，有时出现血斑或破裂。

3. 防控措施

（1）加强卫生管理。加强饲养管理，禁止从污染地区引种购料，禁止无关人员进场，禁止病死鸡随意处理，做好日常消毒工作。

（2）适时预防接种。制定科学的预防接种程序，目前常用的疫苗有禽流感＋新城疫二联苗，鸡新疫Ⅰ、Ⅱ、Ⅳ系苗，应根据鸡群日龄、免疫状态和免疫方式等选用相应疫苗。

（3）重视抗体检测。有条件的鸡场可在免疫接种后定期采用血凝抑制试验检测免疫抗体，从而掌握群体免疫状况。

（4）发病时的防控措施。该病发病后无有效的治疗药物，鸡群一旦发病，应立即隔离淘汰，对尚未发病的鸡可用Ⅳ系苗紧急接种，以控制疫病蔓延。

（二）禽流感

禽流感是由正黏病毒科 A 型禽流感病毒引起的禽类的一种急性高度接触性传染病。鸡、鹌鹑等家禽和野鸟均易感。可表现为高度致死性感染、程度不同的低致病性感染和无任何症状的临诊感染。

1. 临床症状

根据毒力不同，禽流感的临床表现也不一致。根据其临床表现，可分为高致病性禽流感和低致病性禽流感。

高致病性禽流感（如 H5N1）：常表现为突然发病，体温升高，精神沉郁，对外界刺激无任何反应。头颈部水肿，皮肤、鸡冠和肉髯发绀。呼吸困难，头颈部上下点动或颤抖，死前肛门充血松弛。

低致病性禽流感（如 H9N2）：主要表现为不同程度的呼吸困难，消化道和生殖道症状，如腹泻呆立，产蛋下降等，如无继发感染，死亡率不高。如继发大肠杆菌后死亡率高达30%，同时增强其毒力。

图1-9 眼睑肿胀

图1-10 鸡冠发紫

H7N9 亚型禽流感：是甲型流感中的一种，2013 年首次在我国发现。H7N9 病毒基因来自于东亚地区野鸟和中国上海、浙江、江苏鸡群的基因重配。H 为血细胞凝集素，共有 16 个亚型，N 为神经氨酸酶，共有 9 个亚型，可能任意组合成最多144 种流感病毒，H7N9、H5N1、H5N6、H1N1 都是其中的亚型。H7N9 型禽流感病毒为新型重配病毒，其内部基因主要来自于 H9N2 禽流感病毒。潜伏期一般为 7 天以内，被感染后均在早期出现发热等症状。一般对家禽呈低致病性，但我国最早从广东分离到的 H7N9 病毒变异株，对家禽呈高致病性。

2. 剖检病变

主要剖检病变为肌肉出血，腹部脂肪出血斑，腺胃黏膜可呈点状或片状出血，喉头气管出血、有脓性分泌物，支气管栓塞，肺坏死，消化道大面积出血，肝脏肿大，易碎如烂泥状，法氏囊炎性反应，肾脏花斑，睾丸出血等。

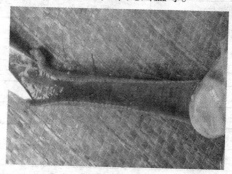

图 1-11　气管出血

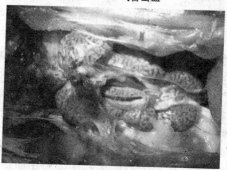

图 1-12　花斑肾

3. 鉴别诊断

临床上如何鉴别禽流感和新城疫，是临床兽医的一大难题，其不同点主要有以下几个方面。

表 1-20　禽流感与新城疫鉴别诊断

症状	禽流感	新城疫
鸡冠和肉髯肿胀	有	无
头部皮下胶冻样渗出	有	无
脂肪出血	明显	不明显
嗉囊积液	无	有
脾脏出血坏死	明显	不明显
胰腺出血坏死	有	无
睾丸出血坏死	有	无
花斑肾	有	无
支气管栓塞	有	无
法氏囊出血	有	无
肌肉出血	有	无
粪便	黄、白、绿	绿

4. 防控措施

（1）加强饲养管理。做好日常管理和消毒工作，适当使用抗病毒药物，有一些早期预防的作用。

（2）做好无害化处理。对病死鸡一定要严格按要求进行无害化处理，切不可将其随便乱扔。

（3）严密监督活禽交易市场。交易市场是病毒传播的主要场所，应定期消毒，休市，定期检测，发现问题及时上报。

（4）做好预防接种工作。鸡场要做好 H5N1、H7N9 和 H9N2 的预防接种工作，同时加强鸡场的卫生防疫工作，定期检测抗体，保证免疫效果。

（5）发现病例及时上报。一旦发现可疑病例，应立即向当地兽医部门报告，同时对病鸡进行封锁隔离，一旦确诊，应在相关部门指导下进行无害化处理和消毒工作。

（三）鸡传染性支气管炎

鸡传染性支气管炎是由冠状病毒科的传染性支气管炎病毒引起的一种急性、高度接触性呼吸道疾病，其主要特征为咳嗽、喷嚏、流鼻涕、气管啰音、死亡率较高，肾型病变主要为肾脏肿大、尿酸盐沉积，成年蛋鸡可表现产蛋下降或品质低劣。

1. 临床症状

随鸡龄不同其症状也不同，根据不同的临床症状，主要划分为呼吸型、肾型和生殖型三种。

呼吸型：4周龄以下的雏鸡几乎全群同时发病，主要症状为流鼻涕、流泪、畏寒扎堆、咳嗽、打喷嚏、张口呼吸、食欲减退，雏鸡死亡率可达25%。5~6周龄以上发病症状相似，气管啰音更大，死亡率较雏鸡低。成鸡产蛋推迟，产蛋量下降。

肾型：主要发于2~4周龄青年鸡，最初表现轻微呼吸道症状，夜间明显。呼吸道症状消失后，突然大量发病，出现厌食、口渴，精神不振等，同时排水样白色稀便，内含大量尿酸盐。病鸡体重减轻，胸肌发绀，肿着鸡冠、面部、全身颜色发暗，死亡率约30%。产蛋鸡感染后引起产蛋量下降，产异常蛋和死胚增加。

生殖型：1~3周内雏鸡感染后会导致输卵管发育不全或损伤，一部分鸡不能产蛋，到成鸡后鸡冠发育良好，腹部膨胀，走路似企鹅，输卵管发炎、积液、腹部肿大。

图 1 – 13　上下眼睑黏连

图 1 – 14　张口呼吸

1. 剖检病变

呼吸型：主要并病变有鼻窦肿胀。气管、鼻腔、喉头、气管、支气管充血、水肿，内有浆液性或干酪样的渗出物；雏鸡的气管及支气管内有淡黄色干酪样物质形成的栓塞。气囊浑浊、增厚；产蛋母鸡卵泡充血，变形，破裂。

肾型：肾脏苍白，肿大，小叶突出。肾小管和输尿管沉积大量尿酸盐，肾脏呈花斑肾。

生殖型：输卵管发育不全，子宫内脓性分泌物，长度短，管腔狭小、闭塞，不能产蛋，输卵管及子宫积液，有时出现水样囊肿。

图 1 - 15　气管的干酪样分泌物

图 1 - 16　卵泡充血

3. 防控措施

（1）日常规范管理。育雏时要注意保暖，避免拥挤、过热、通风不畅。适当补充维生素和微量元素，增强鸡体抵抗力。

（2）接种疫苗。常用的传支弱毒苗有 H120、H52。H120毒力弱，用于雏鸡首免；H52 毒力强，不宜用于雏鸡免疫。此外还有肾型传支弱毒苗可进行免疫。灭活苗用得较多的是传染性支气管炎和新城疫二联苗。

（四）鸡传染性法氏囊病

鸡传染性法氏囊病是由鸡传染性法氏囊病病毒引起的一种急性、热性、高度接触性传染病，主要特征为病鸡严重腹泻，体重减轻，死亡率高，主要破坏中枢免疫器官法氏囊。

1. 临床症状

本病的潜伏期1～5天，鸡群突然发病，精神萎靡，食欲不振，嗜睡，颈部羽毛直立，翅膀下垂，排黄色、灰白色水样粪便，虚脱而死。

图1-17　翅膀下垂

图1-18　灰白色粪便

2. 剖检病变

法氏囊浆膜水肿，严重时呈黄色胶冻样，严重时法氏囊出血呈紫葡萄状，发病初期法氏囊比正常肿大2~3倍。骨骼肌脱水，胸肌颜色发暗，腿部及胸部肌肉常有出血。腺胃和肌胃交界处可出现出血斑，整个肠道为卡他性炎症，肠腔内黏液增多。肾脏不同程度肿大，肾小管尿酸盐沉积。

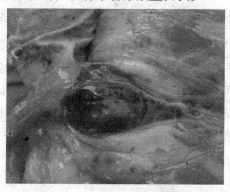

图1-19 法氏囊重度胶冻样浸润

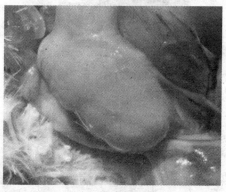

图1-20 法氏囊出血似紫葡萄

3. 防控措施

（1）加强消毒隔离。重视鸡舍消毒和带鸡消毒，严禁从疫区引进种苗和种蛋。

（2）重视预防接种。一般是在10～13日龄首次免疫，两周后选用中等毒力疫苗进行二免，也可用立克法等一日龄注射免疫，以后不再免疫。

（3）发病后控制。发病早期，用高免卵黄或血清，每只鸡注射0.5～1mL，效果显著。用肾肿灵饮水降低肾脏负担，为防止继发和混合感染，病情缓和后加入预防量抗生素。

（五）鸡大肠杆菌病

鸡大肠杆菌病是由致病性大肠埃希杆菌引起的急性或者慢性细菌性传染病的总称。本病发病普遍、持续感染、耐药性强、其中危害最严重的是急性败血症，其次是卵黄性腹膜炎型和输卵管炎型。

1. 临床症状

图1-21 角弓反张

急性感染常无腹泻突然死亡，病鸡一般精神萎靡，缩颈，食欲下降，消瘦，闭眼。侵害呼吸道后，会出现呼吸困难，黏膜发绀；侵害消化道会出现腹泻；侵害关节会表现跗关节或趾关节肿大；侵害眼睛会引起眼前房积脓，有黄白色渗出物；侵害大脑出现神经症状，头颈震颤，角弓反张。

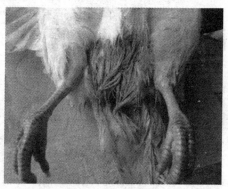

图1-22　黄色稀便污染肛门

2. 剖检病变

（1）败血症型：多见于雏鸡，突然死亡，皮肤、肌肉瘀血，肝脏肿大，呈红色或铜绿色，肠黏膜弥漫性充血、出血，肾脏肿大，呈紫红色，肺脏出血、水肿。

（2）纤维素性心包炎型：心包膜浑浊、增厚，心包腔有脓液分泌，心包膜和心外膜有纤维蛋白附着，呈白色。

（3）眼球炎型：败血症后期，常见鸡一侧或两侧眼睛肿胀，流泪、怕光、逐渐瞳孔混浊，以后眼房水及角膜混浊，视网膜脱落、失明、眼球萎缩。

（4）关节炎型：多发生在幼雏及中雏，跗关节或趾关节肿胀，关节腔有纤维蛋白渗出，关节液浑浊，滑膜肿胀、增厚。

（5）肠炎型：主要病变为肠黏膜出血、溃疡，严重时在浆膜面可见密集的小出血点。

（6）肉芽肿型：小肠、盲肠、肠系膜及肝脏、心肌等部位出现结节状灰白色乃至黄白色肉芽肿。

（7）脑炎型：幼雏及产蛋鸡多发。脑部皮下炎性渗出增多，脑膜充血、出血，脑实质水肿，脑膜易剥离，脑壳软化。

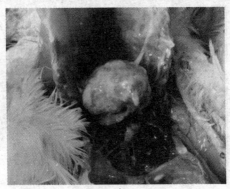

图1-23　纤维素心包炎

图1-23　纤维素心包炎

（8）卵黄性腹膜炎型：成年母鸡多见。腹腔中有淡黄色腥臭液体和破损的卵黄，腹腔脏器表面一层淡黄、凝固纤维素性渗出。卵泡变形，呈灰色、褐色或酱色等颜色。

3. 防控措施

（1）加强日常管理和消毒。搞好禽舍卫生，加强饲养管理，做好其他各种疫病的免疫接种，对各环节进行严格消毒。

（2）菌苗免疫。大肠杆菌血清型众多，菌株间缺乏完全保护，菌苗保护有一定局限性。较为有效的方法是从本场中分离致病菌，制成多价灭活苗进行接种。

图 1-25　腹膜炎

图 1-26　肝脏肿胀、黄色纤维

（3）药物治疗。大肠杆菌对多种抗生素（如卡那霉素、新霉素、恩诺沙星等）、磺胺类药物都很敏感，但极易产生耐药性。应先做药敏试验，选用敏感的药物进行治疗。

（六）鸡白痢

鸡白痢是由鸡白痢沙门氏菌引起的雏鸡急性、败血性传染病，发病率和死亡率高。成年鸡多为慢性或隐性感染，不表现明显症状，成为带菌鸡，作为主要传染源。带菌母鸡可经卵传染，产带菌蛋。

1. 临床症状

初期感染白痢的雏鸡，怕冷扎堆，身体蜷缩如球状，尖声鸣叫，两翅下垂，精神委顿，眼半闭，呈睡眠状。不食或少食，排出白色糨糊状稀粪，有时黏着于泄殖腔周围，干结成石灰样的粪便，由于粪便堵住泄殖腔，雏鸡排粪困难，发出尖锐叫声。病雏还表现呼吸困难，伸颈张口。

2. 剖检病变

病死鸡喙呈轻指数为，趾爪干枯、青紫，肝脏黄色坏死点，慢性的肝脏呈青铜色。卵黄吸收不良，外观青色、青紫色、绿色或黄绿色，肺脏有白色结节，心包增厚，有白色结节，肾脏肿胀，输尿管沉积尿酸盐。

3. 防控措施

（1）净化种鸡群。凡是经血清学检测为阳性者及时淘汰，否则会持续感染。

（2）种蛋消毒。孵化时，用季胺类消毒剂喷雾消毒种蛋，擦干后入孵。每次孵化前孵房及所有用具应严格清洗消毒。

（3）加强育雏饲养管理。温度要恒定，杜绝低温寒冷。

（4）药物预防。在开口水中加入头孢类、氨苄西林、阿莫西林等抗生素，连用3~5天。

（七）鸡球虫病

鸡球虫病又称艾美尔球虫病，是由艾美尔球虫寄生于肠上皮细胞引起的疾病。主要发生于3月龄内雏鸡，发病率和死亡率都较高。成年鸡多为带虫者，体重和产蛋均受到严重影响。

1. 临床症状

病雏精神萎靡，喜欢拥挤，羽毛松乱，头颈蜷缩，闭眼呆立。病雏下痢，粪便带血，食欲不振，口渴，嗉囊充满液体。

发病后期食欲废绝，两翅下垂，运动失调，倒地痉挛死亡。多数病鸡发病后 6～10 天死亡，雏鸡死亡率达 50% 以上。

2. 剖检病变

病鸡消瘦，剖检时盲肠肿大，比正常大 3～5 倍，呈暗红色，质地坚实，盲肠上皮增厚，严重糜烂。盲肠内粪便、血液及干酪样物形成"肠栓"，盲肠黏膜呈弥漫性出血。慢性感染的可见小肠壁肥厚，黏膜上有白色大结节，有时可见出血斑。

3. 防控措施

（1）加强饲养管理。成鸡和雏鸡分开饲养，保持鸡舍干净、通风，定期清除粪便，定期消毒，球虫卵对一般消毒药抵抗力强，可用 10% 氨水和 6.7% 二氧化碳抑制其发育。

（2）免疫预防。目前已有致弱球虫卵囊疫苗。

（3）药物治疗。目前用于治疗球虫的药物有 20 余种，如地克珠利、氯胍、磺胺类药物等，应选用有效的药物用于治疗。

八、鸡心包积水综合征（安卡拉病）

该病是一个在巴基斯坦发现的新鸡病，主要危害 3～6 周龄肉鸡，后备母鸡和蛋鸡偶尔发生。该病早在 1985 年就已见散发病例，1987 年 3 月在卡拉奇附近的安卡拉地区一个肉鸡场发生暴发性流行，由此得名。到 1988 年夏，该病已扩散到全巴基斯坦，造成了上亿只肉鸡死亡。其最显著的特征为心包积液，因此又叫鸡心包积水综合征。

1. 临床症状

其特征是无明显先兆而突然倒地，沉郁，羽毛成束，排黄色稀粪，两腿划空，数分钟内死亡。

2. 剖检病变

病鸡心肌柔软，心包积有淡黄色透明的渗出液。肺水肿、肝脏肿胀、充血、质地变脆，色泽变暗，并出现坏死，肾苍白或暗黄色。特征的病变主要见于肝脏，内有小的多灶性、凝固性坏死区，许多肝细胞中有大而圆的核内包涵体。

3. 防控措施

用病鸡肝组织匀浆经超声处理后，用福尔马林灭活制成灭活苗，有较好的免疫效果。此苗用于发病鸡群的紧急接种，能明显地降低死亡率。疫苗注射后 5 天即能产生免疫力，但免疫期不长，某些鸡群注射 4～5 周后仍可发病。但巴基斯坦肉鸡多在 6 周龄上市，因此认为在 15～18 日龄免疫注射效果好，或在 10 日龄和 20 日龄进行二次免疫效果更佳。

第二章 养 鸭

第一节 鸭的解剖生理特征

鸭是由骨骼肌肉系统、血液循环系统、消化系统、呼吸系统、泌尿系统、生殖系统、神经系统、内分泌系统、皮肤及衍生物等组成。各个系统有着自己独特的解剖生理特点。了解鸭的解剖生理特点，对正确饲养鸭、认识鸭的疾病、分析鸭的致病原因，以及提出合理的治疗方案和有效预防措施都有重要的意义。

一、皮肤和羽毛

鸭的皮肤很薄，由表皮和真皮构成。胸腹部皮肤具有发达的皮下脂肪，在水中起保温作用。鸭没有汗腺且有丰厚的羽毛，因此鸭作为禽类，体温普遍要比哺乳动物的高。颈部和足上的鳞片、趾甲、喙和羽毛，都是由表皮组织演化而来。羽毛具有弹性及防水性，能保护身体防止物理性的损伤，并有维持体温、散热作用。羽毛按形状分为正羽、绒羽和纤羽三种。正常情况下，羽毛每年更换一次。

二、骨骼与肌肉

骨骼的作用为支持身体、保护内脏。鸭的骨骼可分为主轴骨骼与四肢骨骼两部分。而主轴骨骼是由脊柱和头骨组成。脊柱分颈椎、胸椎、胸骨、肋骨、荐椎、尾椎等部分。头骨是由颅骨与面骨组成。鸭的前肢变为翼，鸭的翼比鸡的短小，紧贴于体躯上。后肢骨骼的髋骨特大，特别是母鸭产蛋时，后躯加厚加宽，有利于产蛋。鸭的肌肉颜色比较暗，四肢肌肉的长腱已骨化，不可食用。

三、血液与循环系统

鸭的心脏的位置在肝脏前方，有一部分包在二肝叶之间。心呈圆锥形，锥尖向下，分为四个房室（两个心室，两个心房），心脏周围有一层薄膜包裹，呈囊状，称为心包膜。一般情况下鸭的心率与其个体大小呈负相关关系，即个体越大，其心率就越慢，但始终比哺乳动物的心率快。血管系统可分为肺动脉、主动脉、肺静脉、腔静脉四部分，鸭的体温在41℃~43℃。

四、呼吸系统

鸭的呼吸系统包括鼻腔、喉、气管、鸣管、肺和气囊。

鸭的肺深嵌在胸壁中，与家畜不同之处在于呼气力量大于吸气，无肺膜与横膈膜，肺叶有许多细支气管直接通入气囊。鸭的呼吸频率常因其个体大小、品种、性别、年龄、环境温度和生理状态的不同而有较大差异。如在常温下，成年公鸭的呼吸频率（次/分钟）为42，而成年母鸭的为110。

气囊是家禽特有的器官，在呼吸运动中主要起着空气贮备库的作用。此外，它还有调节体温、减轻重量、增加浮力、利于鸭在水面漂浮等多种功能。

五、消化系统

包括消化管和消化腺。

消化管：口腔、食管、腺胃、肌胃、十二指肠、空肠、回肠、盲肠、直肠、泄殖腔。

消化腺：胃腺、肠腺、唾液腺、胰腺、肝脏。

泄殖腔是鸭的消化道、尿道和生殖系统的共同通道。泄殖腔的背壁有一个法氏囊，雏幼期发达，随着年龄增长法氏囊逐渐退化。

消化系统的主要功能是摄取消化食物，吸收营养物质，排出粪便。

六、泌尿系统

鸭没有膀胱，泌尿系统由肾脏和输尿管组成。肾脏位于脊椎两侧，左右各一个，每个分为三叶，最后一叶较大，无肾盂，无膀胱，两侧肾脏各有一个输尿管和泄殖腔相连。鸭有特殊的鼻腺，能分泌氯化钠，故又称盐腺，其作用是补充肾脏的排盐功能，以维持体内水、盐和渗透压的平衡。

七、生殖系统

（一）雄性

公鸭的生殖系统包括睾丸、附睾、输精管和阴茎等。睾丸有两个，似芸豆，左右对称，以睾丸系膜悬挂于肾脏前叶的前下方，左侧比右侧的稍大。鸭的阴茎发达，呈螺旋状扭曲，勃起时可闭合成管，其海绵状组织内充满淋巴液。

（二）雌性

母鸭的生殖器官包括卵巢、输卵管、子宫和阴道。其中卵巢和输卵管仅左侧发育成熟，右侧已退化。左侧卵巢位于背腰部脊椎的左侧，与左肾紧靠一起。卵巢上有成千上万个卵泡。

输卵管呈弯曲状，其开口靠近卵巢，称为喇叭口（漏斗部），成熟卵子即落入输卵管。输卵管依次由漏斗部、蛋白分泌部、峡部、子宫、阴道等部分组成。

第二节　鸭的品种

按经济用途，鸭的品种可划分为三种，分别为肉用型、蛋用型和肉蛋兼用型。肉用型鸭品种特征为粗颈、短腿、体躯呈长方形，体型丰满。具有生长快、饲料报酬高、繁殖率高、适应性强等优点，成年鸭可达 3～5kg，肉料比为 1:2.7 左右。

蛋用型鸭品种外形特征为体躯狭长，喙长颈细，臀部丰满，外形呈船型。具有性成熟早、产蛋量多、蛋形小等特点。成年鸭体重在 1.5～2kg，生产周期产蛋量在 250～300 枚，蛋料比为 1:2.9 左右。

兼用型鸭的体型特征介入肉用型和蛋用型之间，其颈和腿粗短，体型圆而硕大。具有性成熟早、产蛋量中等、适应能力强等特点。一般体重为 2.2～2.5kg，年产蛋为 150～200 枚。

一、肉用型鸭品种

（一）北京鸭

北京鸭原产北京，头小、是世界最优良的肉鸭品种。北京鸭全身羽毛白色并稍带乳黄色光泽，喙、胫、蹼为橘黄色，眼为虹彩蓝灰色，颈粗且长度中等，体躯长方形，前胸丰满，背宽平，胸骨长而直，两翅较小，紧附于体躯两侧，尾羽短而上翘，腿粗短、蹼宽厚。北京鸭成熟早，生长速度快，60 日龄左右平均体重达 3kg 以上。

（二）樱桃谷鸭

樱桃谷鸭由是英国樱桃谷公司培育出的品种而得名。其全身羽毛白色，头大额宽，颈粗短，背宽而长。从肩到尾倾斜，胸部宽而深，胸肌发达。喙橙黄色，胫、蹼都是橘红色。由于樱桃谷鸭是以北京鸭和埃里斯伯里鸭为亲本，经杂交选育而成的品种，因此其体型外貌与北京鸭极其相似，属北京鸭型的大型肉鸭。开产日龄为 180~190 天。公母配种比例为 1:5，种蛋受精率 90% 以上。49 日龄平均体重 3~3.5kg，料肉比（2.4~2.8）:1。

（三）鸳鸯鸭

鸳鸯鸭又叫番鸭或洋鸭、瘤头鸭，属鸭科中杂食性肉用家禽，源于南美洲和中美洲热带地区，在我国引进后主要分布于长江中下游各省，是不大喜水的森林禽种。其体型与家鸭不同，前尖窄，呈长椭圆形，头大，颈短，嘴短而狭，喙内锯齿发达。具有生长快、体重大、耐旱、耐粗饲、适应力强、易育肥等特点。鸳鸯鸭脂肪含量比樱桃谷鸭低，皮下脂肪层甚薄，尤其是腹部脂肪块亦很少，胸、腿肌比率高，且肉质细嫩，鲜美可口。鸳鸯鸭生产性能良好，水养、陆养、圈养均能适应。成年公鸭平均体重为 3.6kg，成年母鸭平均体重为 2.0~2.6kg，成年母鸭年产蛋量为 80~120 枚。

（四）狄高鸭

狄高鸭是由澳大利亚狄高公司利用中国北京鸭培育而成的优良肉用型鸭种，因此外形似北京鸭。雏鸭绒羽黄色，成年鸭羽毛白色，具有生长快、饲料报酬高、头大体长等特点。喙、胫、蹼为橘红色，脚肌丰满。性成熟期为 182 日龄，33 周龄进入产蛋高峰，产蛋率达 90%。年平均产蛋 200~230 枚。该品种性喜干爽，可在陆地上自然交配，适于丘陵地区的旱地圈养。公母配种比为1:5，受精率可达90%～93%，受精蛋孵化率85%左右。狄高鸭产肉性能较高，7周龄商品肉鸭可达3kg，料肉比约为3:1。

二、蛋用型鸭品种

（一）绍兴鸭

绍兴鸭是我国优秀的高产蛋鸭品种，又称山种鸭、浙江麻鸭，原产浙江省绍兴、萧山、诸暨等市县，现分布浙江全省、上海市郊各县以及江苏省的太湖地区。体躯狭长，喙长颈细，臀部丰满，腹略下垂，姿态挺拔，具有蛋用品种的标准体型，属小型麻鸭，成年鸭体重为1.3～1.4kg。全身羽毛以褐色麻雀羽为主，有带圈白翼梢和红毛绿翼梢两个品系。绍兴鸭的优点是产蛋多、成熟早、体型小、饲料报酬高等，是我国蛋用型麻鸭中的高产品种之一，年产蛋可达250枚，蛋料比为1:2.7，公母配种比为1:20，受精率在90%以上。该品种既可圈养，又适于在密植的水稻田里放牧。

（二）金定鸭

金定鸭首先发现于金定县，故名金定鸭。原产地在福建省九龙江下游潮沙地区，长期在松软平坦的海滩上放牧，对海滩环境有良好的适应性，觅食能力强，耐粗饲，适应性强，在稻田、水渠、池塘、平原、海滩、舍内都可以养殖。外貌特征：属小型蛋用品种，体躯狭长，前躯昂起，后躯发达。体羽以褐色居多，喙青黑色，虹色褐色，胫、蹼橘黄色，爪黑色。金定鸭的体型比绍兴鸭大，饲料消耗量比绍兴鸭多一些。一般120日龄开始产蛋，年均产蛋为260～300枚，蛋壳为青色，蛋重70～80g。成年鸭体重约为1.7kg，是我国目前最大的蛋鸭。

（三）攸县鸭

攸县鸭又称攸县麻鸭，产区在湖南攸县的攸水和沙河流域而得名。攸县鸭体型轻小呈船形，颈细体躯略长，前躯高抬。公鸭头、颈上为墨绿色羽毛，颈中部有白色羽圈，颈下部和胸部为褐色，腹、翼灰褐相间，尾羽墨绿有光泽，喙青绿，胫蹼橘黄红。母鸭全身羽毛黄褐色，有黑羽斑即麻雀羽，常有白眉，深麻型占70%，浅麻羽占30%。成年鸭体重约为1.16～1.35kg，110日左右龄开始产蛋，年产蛋在200～250枚，蛋壳以白色为主。

三、兼用型鸭品种

（一）高邮鸭

原产江苏高邮市而得名。具有觅食能力强、耐粗饲、体质壮、适应性强、善产双黄蛋等特点。体型较大，呈长方形，颈细长，喙青发亮，爪黑色。母鸭全身羽毛褐色，有黑色细小斑点，如麻雀羽毛。成年公鸭体重2.4kg，母鸭2.7kg。120～130日开产，配种比为1:25，受精率90%～94%，受精蛋孵化率85%～90%，年产蛋量140～160枚，高产者可达250枚，蛋壳以白色为主。高邮鸭在1月龄体重可达0.5～0.6kg，2月龄达1～1.3kg，3月龄达1.4～1.5kg。成年鸭体重约为1.8kg。

（二）建昌鸭

主产四川省凉山自治州安宁河谷地带的西昌、德昌、冕宁、米易和会理等县。建昌鸭以生产大肥肝而闻名，其体躯宽阔，头大、颈粗。公鸭头颈羽毛为墨绿色，有光泽，颈下部多有白色颈圈。尾羽黑色，有2～4根性羽向背部卷曲，前胸和鞍羽红褐色，腹部羽毛银灰色。母鸭以浅褐麻雀色居多。胫、蹼多为橘红色。开产日龄为150～180天，年产蛋140～150个，蛋重约73g，蛋壳以青色为主。公母鸭配种比例为1:(7～9)，种蛋受精率为90%左右，受精蛋孵化率为90%左右。成年公鸭体重2.4kg，母鸭2.0kg。

（三）松香黄鸭

是由广东省佛山地区农科所用东莞鸭母鸭和北京鸭公鸭杂交育成的肉蛋兼用型新鸭品种。主要分布在广东省佛山地区。松香黄鸭有生长较快、肉层厚、脂肪比北京鸭少、肉质比北京鸭鲜美、产蛋较多、蛋较大、饲料转化能力强等特点。公鸭羽毛以灰色头、灰色尾、棕色胸、白色腹为特征，喙、跖、蹼均为橘红色，少数鸭喙为青色，皮肤黄白色。母鸭羽毛鲜艳，以黄红色为特征，故称松香黄鸭，又称红毛鸭，喙、跖、蹼及皮肤的颜色与公鸭相同。母鸭开产日龄为150～160天，平均年产蛋量200枚左右，平均蛋重80g，蛋壳为乳白色。60日龄平均体重为1.7～2.0kg，若再经过10天的填肥，平均体重可达2.5kg以上。

第三节　鸭的繁殖、育种技术

一、高产种鸭的选择

（一）蛋用种鸭

选择高产蛋用种鸭，首先要考查该品种的外貌体型特征。从经济类型的角度考虑产蛋力是否符合要求，从实际出发，就地选优。种公鸭要头大颈粗，胸深而突出背宽，长嘴齐平，眼大而明亮，腿粗而有力，体格健壮，性欲旺盛，精神活泼，生长快，羽毛整齐，羽毛紧覆全身，觅食力强等特点；种母鸭以产蛋为目的，体型应该长而丰满，要头小颈细长，腿粗，眼大灵活，胸深而宽，臀部丰满下垂而不擦地，肛门大，脚稍高，两脚距离要宽，羽毛丰满细致，麻鸭的斑纹要细，走路昂头挺胸，行动灵活而敏捷，觅食力强，产蛋率高，开产日龄早，换羽迟，产蛋时间持续时间长，一般年产蛋量在 250 枚以上，产蛋大，蛋平均重有 70g，孵化率高等特点。

（二）肉用种鸭

选肉用种鸭，必须具备肉用鸭的品种的特征。其生长发育快，育肥性能好，脂肪多，饲料报酬高。肉质优良，繁殖力、适应性和抗病力强。一般种公鸭要求体型呈长方形，头大颈粗，背直而宽，胸腹宽而略扁平，腿略高而粗，蹼大而厚，两翅不翻，走路昂头挺胸，步态雄健有力，配种能力强，产肉率高，体重大，生长快；种母鸭要求体型呈梯形，背较公鸭略短而宽，腹部深而下垂但不擦地；腿稍短而粗，羽毛丰满，性情温顺，耻骨间距宽，头及颈较细小，繁殖力强，受精蛋孵化率高。

二、鸭的肉用性能测定

（一）肉用性能

1. 活重

指屠宰前停食 12 小时后重量。

2. 屠体重

放血去羽毛后的重量（湿拔法需沥干）。

3. 半净膛重

屠体去气管、食道、嗉囊、肠、脾、胰、生殖器官，留心、肝（去胆）、肺、肾、腺胃、肌胃（去内容物和角质层）

和腹脂（包括腹部板油和肌胃周期的脂肪）的重量。

4. 全净膛重

半净膛去心、肝、腺胃、肌胃、腹脂的重量。

5. 常用几种屠宰率

屠宰率（％）＝屠体重/活重×100；

半净膛率＝半净膛重/活重×100；

全净膛率＝全净膛重/活重×100；

胸肌率＝胸肌重/全净膛重×100；

腿肌率＝腿肌重/全净膛重×100。

（二）料肉比

肉仔鸭料肉比＝肉用仔鸭全程耗料（千克）/总活重（千克）。

三、鸭繁殖和蛋用性能的测定

（一）孵化

1. 种蛋合格率

指种母鸭在规定的产蛋期内所产符合本品种、品系要求的种蛋数占产蛋总数的百分比，即合格种蛋数/产蛋总数×100。

2. 受精率

受精蛋占入孵蛋的百分比。血圈、血线蛋按受精蛋计算，散黄蛋按无精蛋计算。

3. 孵化率

受精蛋孵化率＝出雏数/受精蛋数×100；

入孵蛋孵化率＝出雏数/总入孵蛋数×100。

4. 种母鸭提供健雏数

每只种母鸭在规定产蛋期内提供的健康雏鸭数。

（二）产蛋性能

1. 产蛋量

入舍母鸭数产蛋量＝总产蛋量/入舍母鸭数。

2. 产蛋率

即母鸭在统计期内的产蛋百分比。

日产蛋率（％）＝当日总产蛋量/当日母鸭天数×100；

入舍母鸭产蛋率（％）＝生产周期总产蛋量/入舍母鸭数×统计日数×100。

3. 料蛋比

产蛋期料蛋比＝产蛋期耗料量（kg）/总蛋重（kg）。

四、鸭的配种

（一）配种年龄

种鸭配种年龄的大小与种鸭的遗传力有关。一般说，鸭在精力旺盛时期有较高的生活力、繁殖力和较强的遗传力。鸭配种年龄不宜过早，否则会影响生长发育，提前失去配种价值，而且受精率也不高。故通常早熟公鸭配种不应早于 120 日龄，蛋用型公鸭选在 120～130 日龄为佳，樱桃谷公鸭为 140 日龄。晚熟品种应因品种而异，如北京公鸭为 160～200 日龄，狄高公鸭为 180～200 日龄，鸳鸯鸭公鸭为 160～210 日龄等。而母鸭配种年龄以开蛋后蛋重达到品种标准时较为适宜。

（二）利用年限

种公鸭一般只利用一年即淘汰，如有体质健壮、精力旺盛，受精率高的公鸭，可适当延长使用时间。母鸭的利用年限随着鸭的种类不同而有所差异。母鸭第一年的产蛋量最大，第二年开始产蛋能力逐渐下降，比第一年下降30%以上，第三年比第二年下降35%以上，同时受精率和孵化率也会受到下降。因此为了提高经济效益，母鸭的使用年限以 2~3 年为好。如果淘汰过多母鸭，则要培育大量雏鸭取代，增加成本，一般参考的比例为 1 年龄母鸭占 60%，2 年龄母鸭占 35%，3 年龄母鸭占 5% 为佳。

（三）配种比例

鸭的配种比例随品种类型不同而差异较大。自然配种参照以下比例，并通过受精率和季节不同高低做适当调整。蛋用型鸭 1:(20~25)，肉用型 1:(5~8)，兼用型 1:(15~20)。早春末至秋初，公鸭性活动性增强，母鸭数应提高约 5%。同时要考虑因饲养管理的条件好些时，比例可大一些，否则就小一些。

五、提高种蛋受精率

为了得到高质量的可以孵化后代的种蛋，必须提高受精率。除了种鸭本身品种的不同，更多的是取决于饲养管理是否得当。创造适宜配种的条件，才能提高受精率。

（一）配种的日期

多选择在 2~6 月，即初春到夏至期间。这期间气候适宜，阳光充足，日照时间长，适宜配种，而且正值公鸭精力和母鸭产卵旺盛时，受精率一般较其他时间高。

（二）配种环境

种鸭一般在池塘内配种。指定配种的池塘，使种鸭习惯这一环境。塘水深度在 0.5~1m，配种池塘水流不宜过急，池塘要常清理，保持塘水的清洁卫生，避免鸭群疫病发生。

（三）配种管理

公鸭的出生日龄早母鸭 1~2 个月，在母鸭产蛋前公鸭已经性成熟。在春孵前半月，把种母鸭另养，并按配种比例，提前20天将公鸭放入母鸭群中，可使母鸭习惯配种，提高受精率。

（四） 配种期饲料的配合

在配种期除保证必需的营养物质外，还要注意供给蛋白质、钙、磷和维生素A、D、E，特别是维生素E，因为维生素E能提高种蛋的受精率和孵化率。蛋白质饲料的比例要增高，要保证赖氨酸、蛋氨酸、色氨酸等必需氨基酸的供给。这样不仅能增强精子的活力，提高雏鸭的出壳率，而且可以促进以后雏鸭的生长发育。

六、配种方法

鸭的配种方法可分为自然配种和人工授精两种。

（一） 自然配种

自然配种分为大群配种、小间配种、同雌异雄轮配三种。

大群配种：根据一定数量的母鸭群中，考虑公母配种比例以及其他因素，确定所需公鸭只数，在母鸭开产前一个月左右，将公鸭放入母鸭群中混合饲养，让其自然交配。大群配种一般受精率高，尤其是放牧鸭群。此配种方法多用于繁殖场。

小间配种：在一小间内放入一只公鸭，根据不同品种要求的配种比例放入相应数量的母鸭。此配种方法适用于育种场的父系家系的建立。

同雌异雄轮配；同雌异雄轮配在育种中，为获得配种组合或父系家系，以及对公鸭进行后裔鉴定，消除母鸭对后代生产性能的影响，常采用同雌异雄轮配。采用这种方法可在一个半月内，在同一配种间获得2只公禽的后代。如采用2次轮配就可得到3只种公禽的后代。

（二）人工授精

人工授精是养鸭生产中的先进繁殖技术，能增大公鸭的配种量，提高种鸭利用率。对公母体型相差悬殊的品种，自然交配困难，采用人工授精能提高受精率。

1. 采精方法

一般有按摩法、电刺激法、假阴道法等多种方法，而最常用的为按摩法。按摩法最常采用背腹式按摩采精法，即操作者先坐下，将公鸭放于双膝上，鸭头伸向左臂下，助手位于操作者右侧，固定公鸭双脚。操作者整个左手掌心向下紧贴公鸭背腰部，从背部上端至尾部方向抚摩 5～10 分钟，同时右手手指握住泄殖腔环按摩揉捏，当阴茎即将勃起瞬间，左手拇指和食指稍向泄殖腔背侧移动，在泄殖腔上部轻轻挤压，明显感觉阴茎勃起并向外突时，助手用集精杯收集即将射出的精液，一般约 30 秒钟。需要注意的是采精前，需隔离公鸭，加强饲养，消毒采精器具。

2. 公鸭的训练及采精次数

先对采精公鸭进行调教训练直到形成条件反射。按摩法一般需经 10～15 天训练方可建立条件反射（瘤头鸭 3～5 天）。鸭的采精时间以每日下水之前为宜，采精次数为隔一日一次为佳。优质的鸭精液为浓稠，呈乳白色，精子密度大的精液呈旋涡状翻滚状态。

3. 输精

助手将母鸭仰卧固定，输精员用左手挤压泄殖腔下缘，迫使泄殖腔张开，暴露出阴道口，用右手将吸有精液的输精器从泄阴道口缓慢插入，当感到推进无阻力时，即输精器进入阴道，一般插入 3～5cm，左手放松，右手即注入精液。鸭输精易引起生殖道炎症，故要求输精员技术熟练，操作动作要轻，并提前做好输精器的消毒工作。

4. 输精量和输精间隔时间

采用混精液输精，即每次采集 4~6 只公鸭的精液，混合稀释后再输精。鸭第一次输入精液 0.15~0.2mL（1:1 稀释），此后输精量可减至 0.08~0.12mL，每三天输一次。输精时间以母鸭产蛋结束后的上午 8：00~11：00 点为宜，输精时间一旦确定不能随意更改，避免母鸭有应激反应。

第四节 种蛋的孵化

一、鸭蛋的构造

鸭蛋是由蛋壳、壳膜、气室、蛋白、蛋黄、系带、胚珠或胚盘等部分组成。

（一）蛋壳

蛋壳是禽蛋最外一层石灰质硬壳，包裹和保护蛋的内容物，保护鸭蛋不受细菌和霉菌的侵入，同时蛋壳上的气孔与外界进行气体交换。蛋壳的厚度随品种（系）、营养水平、季节、生理和遗传因素的不同而有差异，一般为 0.26~0.38mm。

（二）壳膜

壳膜分内外两层，可防止外界微生物的侵入和限制水分蒸发。内层包围蛋白，叫蛋白膜或内壳膜；外层紧贴于蛋壳的内表面，叫外壳膜。内壳膜较薄，厚度约 0.05mm。外壳膜较厚，是内壳膜的 3 倍。内外壳膜上均有气孔，内壳膜比外壳膜的气孔较小，可对外界微生物起到一定的屏障作用。

（三）气室

是蛋的顿端（大头）内外膜之间分离形成的气囊，有供给胚胎氧气的作用。蛋贮存越久蛋内水分散失愈多，其气室就越大。因此，可根据气室的大小来鉴别蛋的新鲜程度。

（四）蛋白

分外浓蛋白、外稀蛋白、内浓蛋白、内稀蛋白四层，为胚胎发育提供营养。在蛋白中酵素的作用下，浓蛋白逐渐变稀，稀蛋白随之增多。如果蛋白越稀，说明蛋存放时间越长。因此，蛋白的黏稠度也可作为判断蛋的新鲜程度的重要依据之一。

（五）蛋黄

含有蛋白质、磷脂以及鸭体营养不可缺少的 8 种必需氨基酸、钙、钾、铁、磷等营养物质。鸭蛋黄中的蛋白质含量和鸡蛋相当，而矿物质总量远胜鸡蛋，尤其铁、钙含量极为丰富，以供胚胎中的骨骼生长发育。

（六）系带

位于蛋黄两端与蛋纵轴相平行，由内浓蛋白构成，起固定蛋黄位置的作用，使蛋黄始终位于蛋的中心，不与壳膜相黏连，保证胚胎的正常发育。

（七）胚珠或胚胎

蛋黄表面有一白色的小圆形点，在受精前称胚珠，受精后胚珠经卵裂而变大，称为胚盘，是胚胎体外发育的起点。

二、胚胎的形成和发育

母鸭通过自然或人工授精后精子向输卵管上方游动，当卵成熟掉入喇叭管时，与精子结合形成受精卵，并在蛋的形成过程中开始早期发育，发育到囊胚期或原肠胚早期，此时蛋形成完整并排出体外，由于外界温度下降，胚胎停止发育，这种蛋就是受精蛋。在随着时间延长，胚胎逐渐死亡，孵化率也会降低。

在孵化过程中，温度是最重要的条件。胚胎适宜环境温度为 37.0℃ ~ 38.0℃，湿度为 60% ~ 70%，并保证空气新鲜。为使蛋的各部分受热均匀，促进气体代谢，需每天定时翻蛋。受精蛋的胚胎靠胚外膜来吸收蛋内营养物质，并通过气室和蛋壳的气孔进行气体代谢。在此孵化过程中，胚胎分化出中胚层，之后从外胚层发育成皮肤、喙、爪、羽毛、神经系统、眼、感觉器官、口腔与泄殖腔的内膜；中胚层细胞分化出肌肉组织、生殖器官、排泄器官、骨骼系统、循环系统和结缔组织；内胚层形成消化道、各种腺体、体腔浆膜和呼吸器官，经过 28 天，雏鸭就能出壳，出壳的雏鸭为蛋重的 65% ~ 70%。

三、种蛋的选择

种蛋必须具有遗传素质好的品质，因此必须从合格的种鸭场引进种蛋。种鸭是健康且生产性能好的，即遗传素质好。种蛋必须新鲜，孵化用的蛋，贮存时间越短越好（一般以产后 1 周内为合适，以 3 ~ 5 天最好，超过 2 周则孵化期推迟，孵化率降低，孵出的雏鸭软弱），其次种蛋的大小、形状和壳色符合标准，蛋壳致密纯正和厚薄适度，壳面清洁无污染。产蛋母鸭应在 1 ~ 2 周岁，母鸭要健康高产。最直接的方法是经肉眼观察，凡"沙壳蛋""铁壳蛋"和陈蛋不宜孵化。通过照蛋灯或验蛋台将气室不正的蛋、有霉点或裂纹的蛋、血块异物蛋、散黄蛋剔除。

四、种蛋的消毒和保存

由于鸭蛋蛋壳上的细菌和霉菌在孵化过程中易侵入蛋内，

造成死胎或弱雏影响孵化率，故种蛋入孵前必须消毒。消毒方式主要有以下3种。

（一）熏蒸法

将蛋至于熏蒸间，按每立方米体积用40%甲醛30mL，高锰酸钾15g，密闭熏蒸20~30分钟。熏蒸时，温度在24℃~27℃、空气相对湿度75%~80%的环境条件下，消毒效果更佳。

（二）新洁尔灭液浸泡法

将种鸭蛋放在0.1%新洁尔灭溶液中浸泡五分钟，然后取出晾干，送贮蛋室贮存。浸泡溶液的温度应略高于蛋温，否则蛋内形成负压使蛋壳表面的微生物通过蛋孔进入蛋，影响孵化效果。蛋盘及孵化器用具也可用0.1%新洁尔灭溶液喷洒或擦拭。

（三）紫外线消毒法

将盛有种蛋的蛋盘放在紫外灯下40cm处，照射1~2分钟。应将灯在蛋盘下面向上也照射一次，或者翻转蛋背面照射。

种蛋保存时间的长短对孵化效果的影响极大。种蛋保存时间最好在5天以内，最多不超过一个星期，保存时间越长，孵化率越低。最适宜的保存温度为10℃~15℃，温度超过20℃时胚胎会开始缓慢发育，但环境温度不理想易在孵化过程中死亡，温度过低或在0℃以下胚胎会冻死。湿度在65%~75%为宜，过高易发霉变质，过低则种蛋水分易蒸发。在保存期间要定时翻蛋，每天至少一次。种蛋贮藏室的日常管理要求是冬暖夏凉，通风干燥，避免阳光直射和冷风直吹，防蚊蝇老鼠，不能存放毒药品。

五、种蛋的孵化条件

（一）温度

温度是种蛋孵化的首要条件，温度掌握得好坏直接影响孵化的效果，只有适宜的孵化温度才能保证种蛋中各种酶的活动，从而保证胚胎正常的物质代谢和生长发育。一般情况下，鸭胚胎适宜温度为37℃～38℃。温度过低，胚胎发育迟缓，严重时会死亡；温度过高，胚胎发育过快，孵化期缩短，雏鸭体质弱，易死亡。在孵化过程中，可根据孵化场的具体环境条件、季节、品种体系以及孵化机的性能，制定合理的施温方案。一般采用立体孵化器，通常有恒温和变温两种方法。

1. 恒温孵化

这是在大型孵化机内分批入孵的方案，以满足不同胎龄种蛋的需要，通常孵化机内的温度控制在37.8℃，一般温差不超过0.1℃～0.2℃。采用恒温孵化时，新老蛋应交错放置，老蛋多余的热量被新蛋吸收，解决了在同一温度下，老蛋温度偏高，新蛋温度偏低的矛盾，从而提高孵化率。

2. 变温孵化

变温孵化又叫整批孵化，此方法适宜在种蛋来源充足的情况下采用。由于鸭蛋偏大，脂肪含量高，孵化13天后，代谢的温度上升较快，如不改变孵化机的温度，会造成孵化机内局部高温而引起胚蛋的死亡。孵化第1天温度为39℃～39.5℃，第2天为38.5℃～39℃，第3天为38℃～38.5℃，第4～20天为37.8℃，第21～25天为37.5℃～37.6℃，第26～28天为37.2℃～37.3℃，但第21天以后多数转入摊床孵化。变温孵化时，应尽量减少机内的温差。温度的调整应做到快速且准确，特别是孵化的前3天。

（二）湿度

孵化过程中蛋内水分不断蒸发，过快或过慢都会影响胚胎发育。湿度变化总的原则为"两头高，中间低"。孵化初期，因为胚胎要形成羊水和尿囊液，需从环境中吸收水蒸气，而机内温度又高，所以需要相对湿度控制在70%左右；孵化中期，胚胎要排出羊水和尿囊液，相对湿度调整到60%为宜；末期为有利于胚胎破壳而出，防止雏鸭绒毛黏壳，以65%~70%为宜。

（三）翻蛋

种蛋在孵化过程中，在前、中期勤翻蛋具有十分重要的意义。翻蛋可使胚胎各部位受热均匀，并促进气体代谢。一般每2小时翻蛋一次，翻蛋的角度应达到90°，但翻蛋次数不能太多，否则影响孵化温度，可使用具有翻蛋装置的立体孵化机，翻蛋不会影响孵化机的正常温度。到孵化后期特别是在出壳前3天，停止翻蛋，因翻蛋可能引起胚胎与壳膜黏连。

（四）通气

胚胎对氧气的需要量随胚龄的增加成正比例增加。一般孵化初期胚胎的代谢处于初级阶段，氧气需要量较少，风口可适当小些。孵化中期到后期，胚胎的代谢作用加强，氧气需要量增加需加大通风口。

（五）晾蛋

胚胎发育到中期以后，胚胎增大，脂肪代谢加强而产生大量的生理热，如果余热不能及时散发，蛋温过高，将影响胚胎的正常生长发育。因此，定时晾蛋有助于胚胎散热，促进气体代谢，提高血液循环系统的机能，增加胚胎体温调节的能力，有利于提高孵化率和雏鸭质量。胚胎发育到中期以后，晾蛋有利于生理热的散发，可防止胚蛋温度过高，对提高孵化率有良好的作用。这点对大型肉鸭种蛋的孵化更为重要。因此，在孵化14天后应晾蛋，每天2次，每次20~30分钟，但每次晾蛋的时间不能超过40分钟。一般用眼皮试温，感觉不烫不凉即可放回孵化机。

六、种蛋的孵化方法

（一）机器孵化法

在入孵之前，先检查孵化机性能，孵化室、孵化器及用具应彻底清洗消毒，测试温湿度等准备工作，一切正常后，即可上层入孵。先将种蛋逐个排列在蛋架上，一般蛋的大端向上排列，倾斜45°，同时在种蛋上应标注种类、上蛋日期、批次等，以便于孵化的操作管理。入孵时间最好安排在下午4时以后，这样大批出壳的时间正好在白天，便于安排工作。在冬季和早春季节，入孵前应将种蛋在孵化室放几小时，使蛋温达室温后再入孵。

在孵化过程中应对入孵种蛋进行3次照检，第一次在孵化6~7天，主要为剔除无精蛋和血环蛋；第二次在13~14天，此次照检将死胚蛋和漏检的无精蛋剔除；第三次照检可结合转盘或上摊床进行，目的是检查胚胎后期的发育情况，及时将死胚蛋剔除，同时还可根据胚胎的发育情况调整后期的孵化温度及转盘或上摊床的时间。

鸭蛋在孵化到第25天进行最后一次照检，剔除死胚胎后，将胚蛋转入出雏器内继续孵化，即移盘。移盘时如发现胚胎发育普遍较迟，应推迟移盘的时间，移盘后应注意提高出雏器内的相对湿度和增大通风量。

在孵化条件正常的情况下，鸭蛋孵化到27.5天开始破壳出雏，进入28天大量出雏。一般3小时左右检雏一次，出壳的雏鸭绒毛干后应及时取出，并将空蛋壳拣出，有利于其他胚蛋出雏。在出雏末期，对无力破壳但已啄壳的可采取人工办法破壳助产。出雏完毕后，及时清洗，消毒出雏器等用具。

停电时，根据停电时间长短和胚龄大小采取相应措施。如果在冬季、早春，可采取措施提高室温，打开孵化机通风孔放热，每半小时人工摇动风扇一次，使机内温度均匀。若胚龄较大，自温较高，应立即打开机门散热，每半小时手工翻蛋一次，以免过热。停电时间较长，特别是胚龄小的蛋，必须设法加温，胚龄较大时，可转入摊床利用自温进行孵化。

(二) 传统孵化法

农村中常用的人工孵化方法有炕孵法、缸孵法和炒谷孵化法等。

1. 炕孵法

用冬季保暖用的土炕，通过控制烧火的次数，增减覆盖物，翻蛋和调整种蛋在炕面的位置，以及调节室温等措施来调节孵化温度，达到控制种蛋所需要的合适温度以完成孵化过程。

2. 缸孵法

孵化设备主要是土缸和蛋箩，系用稻草和黏土制成。用木炭作燃料，炭上盖灰使其缓慢燃烧，一般预烧3天，使缸内温度达到39℃。将盛有种蛋的竹箩放入土缸内，盖上稻草编成的缸盖。通过控制炭火大小，开关缸盖，定时转箩翻蛋，将箩筐内上与下、边缘与中间的鸭蛋对调位置，来调节温度。

3. 炒谷孵化法

用普通木桶（或竹箩），糊以数层薄纸，作为孵蛋的装置。用稻谷炒热做热源，再用麻布包裹，种蛋也用麻布或网袋包裹，然后将热谷与种蛋相间，分层放入桶内，桶表面再放上热谷。通过谷、蛋的相互叠放，来调节孵化温度。孵化一段时间，可用胚龄较长、自身已能产生温度的后期胚蛋来孵化初入孵的新蛋，这时就可以不再炒谷，叫做"蛋孵蛋"的方法。

（三）平箱孵化法

平箱孵化是总结传统的缸孵法基础上加以改革而成，既保留了缸孵化结构简单、采暖容易的优点，又吸取了机孵法的某些方法，减少了蛋的破损和劳动强度，操作简便。实际是以一小型立体孵化器安置在土缸上，因外形像一长方形大箱，故叫平箱孵化法。热源可以用木炭，也可以用电热板。

入孵前2天做好准备工作，将平箱消毒并试温。入孵时将种蛋平放在上面6层蛋筛内，把门关紧并塞上火门，让温度慢慢上升，每隔2~3小时转筛一次，并注意检查温度，箱底层和顶层的温度高于中层，因此调筛时要按一定顺序进行。若温度较高，应采取稍降温措施，以保持正常温度，以后每天定时翻蛋调筛3~4次，将蛋筛上与下、边缘与中间互换位置，并将各层蛋筛互相调换位置，以便均匀受热。一般鸭蛋孵至14天可转入摊床孵化。

（四）摊床孵化法

摊床孵化是我国特有的技术，将到一定时期的胚蛋放在摊床上，完全利用胚胎代谢所产生的生理热来孵化，同时用棉絮、毯子等物来调节孵化温度，不需燃料。

1. 上摊时间

一般鸭蛋在14天后上摊床，但根据不同季节、品种、胚胎发育特征等情况而有所不同，可略早或晚1~2天上摊床。

2. 摊床的管理

主要通过增减覆盖物、翻蛋和改变蛋的位置，以及蛋的排列层次等措施，来合理调节孵化温度。

（1）调温

要使胚蛋获得适宜温度，这是摊床管理成败的关键。具体可根据胚胎增加覆盖物由多到少，由厚变薄。其次，冬春季盖的时间长一些，夏季时间要短；气温上升时迟盖，气温下降时早盖。再次，要根据上一次翻蛋时覆盖的多少及蛋温等情况，然后决定下一次覆盖物的多少及厚薄。

（2）翻蛋

摊床中心的蛋温度高，边缘的蛋温度低，因此边缘与中间的蛋互换位置，直到全批调完，再盖上覆盖物。

（3）放蛋的层数及松紧

初上摊床时，放2层。随胚龄增加，自温能力加强，上层可降低密度，或将边缘的蛋放2层，中间的蛋放1层。鸭蛋17天后可平放为1层，放平后边缘的蛋温度偏低应靠紧些，中间的蛋温度偏高应放松些。

第五节　鸭的饲料

鸭所需营养主要由水分、蛋白质、碳水化合物、脂肪、维生素和矿物质组成。饲料中因含有各种营养成分的数量与种类不同，对鸭的营养价值也不同。

一、鸭饲料的分类

集约化养殖条件下，肉鸭的配合日粮与其他畜禽日粮组成类似，主要有能量饲料、蛋白质饲料、维生素饲料、矿物质饲料等。根据肉鸭与其他畜禽生理结构和食性的差别，在肉鸭配合饲料时，原料的选用上又与其他畜禽饲料有所差异。

1. 能量饲料

能量饲料是指干物质中粗纤维含量低于18%，同时蛋白质含量低于20%的饲料。主要成分是糖类，在鸭配合饲料中常用的能量饲料要比鸡的能量饲料广泛。除了畜禽配合饲料常用的玉米、小麦、碎米等原料外，油糠、麸皮、甜菜渣等加工副产物均可作为能量饲料来源。其中玉米作为高能量饲料，纤维素含量较少，日粮中可用到30%～50%。小麦的粗纤维含量和玉米接近，粗脂肪含量和能值略低于玉米，也是较好的能量饲料来源，但小麦中含非淀粉多糖较多，不能被动物消化，而且有黏性，在一定程度上会降低小麦的消化率，所以在作鸭饲料时，一般会通过外源的添加木聚糖酶来降低食糜黏性，增加营养物质消化率。

2. 蛋白质饲料

蛋白质饲料是指干物质中粗纤维含量低于18%，粗蛋白质含量等于或高于20%的一类饲料。可分为动物性蛋白质饲料和植物性蛋白质饲料两种。动物性蛋白质饲料主要有鱼粉、肉粉等，主要特点是粗蛋白质含量高、氨基酸比较平衡，还含有未知促生长因子，对促进胚胎发育，加速鸭的生长有明显的效果，一般在日粮中适宜添加量为5%左右。植物性蛋白质饲料主要是豆粕、菜粕和棉粕等，豆粕粗蛋白质含量高，一般在35%～45%左右，是鸭配合饲料蛋白质的最主要来源，而棉粕和菜粕中含有抗营养因子如棉酚、硫葡萄苷和异硫氰酸酯等，一般添加量不超过8%。

3. 维生素饲料

维生素是鸭代谢所必需的一类低分子有机化合物，根据其溶解性分为脂溶性（维生素A、D、E、K）和水溶性维生素（B族维生素和维生素C）。维生素C通常由饮水的方式补充，其他维生素需要在配合饲料中添加，用量较少，一般以复合维生素的形式添加到饲料中。

4. 矿物质饲料

矿物质饲料是鸭生长和生产必需的一类无机营养素。它们对维持鸭的正常生长、生产和繁殖是不可或缺的。根据矿物饲料来源可分为天然矿物质饲料和人工合成矿物质饲料。常见的天然矿物质饲料如石粉、贝壳粉和沸石粉等；人工合成矿物饲料主要有磷酸盐、铁、硒、碘补充料，磷酸氢钙通常作为钙磷补充剂使用。

5. 饲料添加剂

不包括矿物质饲料和维生素饲料在内的所有添加剂。包括营养性添加剂，如氨基酸、酶制剂等，和非营养性添加剂，如防霉剂、脱毒剂、乳化剂等。有些添加剂的使用可以改善鸭的生产性能，也有些是有利于饲料的加工和保存，改善饲料适口性。

二、鸭的饲养标准

不同品种的鸭生长潜力不同，对养分需求也不同，同一品种不同生长期相应的营养需求也不同。鸭的饲养标准可参考表2-1；需要说明的是饲养标准只是做配方时的参考，在生产中要根据实际情况进行调整。当饲养环境较差时可适当提高营养供给量，以满足应激条件下的营养需求。

表2-1 鸭的饲养标准（每千克饲料含量）

营养物质	雏鸭、育成鸭	种鸭（蛋鸭）
代谢能（大卡/千克）	2900	2900
粗蛋白质（%）	16	15
赖氨酸（%）	0.9	0.7
蛋氨酸＋胱氨酸（%）	0.8	0.55
维生素A	4000	4000

营养物质	雏鸭、育成鸭	种鸭（蛋鸭）
维生素 D	220	500
核黄素（毫克）	4	4
泛酸（毫克）	11	10
烟酸（毫克）	55	40
比醇酸（毫克）	2.6	0.3
钙（%）	0.6	2.75
磷（%）	0.6	0.6
钠（%）	0.15	0.15
锰（毫克）	40	25
镁（毫克）	500	500

三、配合日粮的搭配

根据饲养标准规定，配合日粮时，首先考虑能量、蛋白质、维生素和矿物质。谷物是能量的主要来源，配合日粮时一般占 40% ~60%。糠麸能量较高，维生素 B 也较丰富，价格便宜，但纤维素含量较高，不易消化，配合日粮一般占 10%~30%，植物性蛋白饲料和动物性蛋白饲料一般占日粮的 20% ~35%，此外还需添加维生素添加剂、贝壳、骨粉、食盐以及微量矿物质等，各类配合见表 2 -2。

表 2 -2 种鸭配合精料配比

饲料种类	各种饲料占混合料百分比（%）			
	初产	中产	盛产	停产
植物性蛋白饲料	24	27	28	10
动物性蛋白饲料	3	5	7	0
谷物饲料	51	54	50	54
糠麸类	18	10	10	33

饲料种类	各种饲料占混合料百分比（%）			
	初产	中产	盛产	停产
矿物质饲料	3	3	4	3
微量元素	1	1	1	1
合计	100	100	100	100
青饲料按精料加	25	30	35	40
饲料中含粗蛋白	20	22	23	15

四、配合日粮应注意的问题

在配制饲料配方时，要充分考虑以下几个原则：一是采用多原料配合的原则，各种原料所含营养素的不同，能更好地平衡日粮中各种营养素，同时能把某些原料中所含的抗营养因子控制在安全剂量内，避免产生不良影响。二是要根据鸭不同生长阶段的营养需求合理选用原料。某些原料中含有抗营养因子，比如棉粕中含有棉酚，菜粕中含有异硫氰酸酯等物质，雏鸭非常敏感，因此育雏期日粮中要限制棉粕、菜粕的使用量。三是饲料配方设计还要充分考虑经济型和安全性兼顾的原则。合理做好日粮的营养平衡，减少排泄物氮、磷排放对环境造成的危害。

第六节　鸭舍的建设及饲养管理

一、鸭场地、场舍的选择及建设

（一）放牧型鸭场舍的选择与建立

放牧型是指利用当地鸭品种，采用野营游牧方式饲养。此种方式可以节约粮食能源，投资较少成本低。鸭群规模一般为1000～3000只，此鸭群育雏过程采用野营自温方式，雏鸭在野外过夜也不用供温设备。

1. 场地的选择

（1）选择在溪渠弯道处，这样水流平缓，水面较宽，便于设水围。

（2）设营地处的溪渠岸边坡度越平越好。

（3）离营地附近的水稻田中要有丰富的天然动植物饲料。

2. 营地的布置

（1）水围：由水面和给料场构成，其用途是提供白天雏鸭休息、避暑、给饲的地方。

（2）陆围：供雏鸭过夜用。应选在地势较平坦，距水围较近的地方。

（3）棚子：放牧人员煮饭、休息的地方。

（二）集约化养鸭场地的选择与建立

1. 鸭舍的选择

鸭舍的建设一定要向阳背风，沿东西方向搭棚为宜，地势高且干燥排水方便，有利于鸭群卫生。养鸭地面要求平坦，要选未被传染病或寄生虫病原污染过的泥土，最理想的为沙质土壤。鸭为水禽，鸭场必须建筑在河流、水塘、湖泊或沟溪附近。水岸最好是三度左右缓坡，与陆地相连，三面环水。

2. 鸭舍的建立

要求阳光充足，通气良好，冬暖夏凉，夏有荫蔽之处，地势高爽，坚固耐用。具体为"三平一爽"，即：运动场要平而结实，且有倾斜坡度。运动场地应大于鸭舍，且靠近河岸，向岸边倾斜。鸭滩（即鸭群上岸下水处）要平。水面离河岸的高度，最好是3m左右，坡度宜长。如倾斜度过大，鸭群下水不便，部分鸭可能由于拥挤碰伤而停止产蛋或产软壳蛋。鸭灰（即鸭舍垫草）应当平而结实。以饲养员站在灰上不致下凹为适度，如鸭灰蓬松不平，除易发酵生热，鸭易得烂腹羽病和其他疾病外，而且由于鸭常走在不平的地上，容易摔跤，影响机体正常的生活，因而容易增多软壳蛋和降低产蛋率。一爽。鸭舍要高爽通气，鸭舍屋顶装设气窗，离地约 1m 左右，多设地面窗户。

鸭占地有一定的面积，可根据气候情况而增减，在冬季每只产蛋鸭占地 0.1m²，夏季 0.11~0.12m²，未产蛋鸭可适当减少，但冬季不少于 0.08m²，夏季不少于 0.1m²，每幢鸭舍，饲养 2000 只鸭为宜，过多则管理困难。

二、鸭的饲养管理

（一）大型肉用鸭的饲养管理

1. 育雏期的饲养管理

（1）育雏前的准备：进雏鸭之前应根据饲养雏鸭的数量，规划好育雏室及饲养棚的面积，也可根据实有育雏室面积确定购进雏鸭数量。育雏室破损地方应修补好，鼠洞堵好堵严。准备充足、清洁、无霉变的干燥垫料，分群用的挡板、食槽和饮水器等。房舍及所有器具都要进行彻底的消毒，熏蒸消毒以后注意通风，排尽有害气体。

（2）育雏舍的试温：进雏鸭 1~2 天前，将舍内温度调好，待温度稳定后方可进雏。并检查烟道是否漏烟，通风换气设备运转是否良好等。

（3）育雏方式：地面平养、网上育雏，混合式和笼养等。

（4）育雏的温度：一般 1 日龄 30℃~33℃，以后每隔三天递降 1℃，使鸭群逐渐脱温，至 5 日龄时为 29℃，6 日龄至 10 日龄每天降 2℃，即 10 日后为 19℃，11~15 日龄为 18℃，

16～21 日为 17℃，21 日以后在 17℃ 以下或达一般室温即可。温度是否合适可观察鸭群，不打堆不张口喘气即可。

（5）育雏室湿度：一般第一周 60% 以上，第二周以后要求 50%。

（6）育雏室饲养密度合理：雏鸭饲养密度要适宜，密度过大会造成鸭舍潮湿，空气污浊，密度过小浪费资源成本增高。一般要求 1 周龄平养 20 只/平方米，网养 30 只/平方米；2 周龄 10～15 只/平方米平养，15～25 只/平方米笼养；3 周龄 10 只/平方米平养，15 只/平方米笼养。同时，冬季密度比夏季密度大。

（7）育雏室光照：肉用仔鸭采用昼夜光照，以增加采食时间和采食量。舍内照度在 1 周内不低于 $3W/m^2$，灯距鸭床面 2m，2 周龄为 $1.5～2W/m^2$。

（8）雏鸭的洗浴和运动：育雏鸭在 3 日龄开始，每天中午应放入盛 3～5cm 深的脚盆内，嬉戏 5～10 分钟，然后赶到干草上，迅速干燥羽毛。一周龄后可增加时间和水的深度。

2. 生长育肥期的饲养管理

肉鸭 22 日龄后即进入生长肥育期，这个时期鸭生长发育迅速，对外界适应能力强，比较容易饲养。

（1）饲养方式：生长育肥期的饲养方式有舍内网上饲养，舍内地面平养，露天饲养和半舍饲养等。

（2）饲养管理：从育雏结束转入生长育肥期前 2～3 天，将雏鸭料逐渐调换成生长期用料，要切忌突然更换饲料，以防因饲料改变降低采食量，影响增重。鸭群转群前应停料 3 小时，否则易造成鸭损伤。刚转群时，饲养面积不宜过大，应适当圈小些，待 2～3 天后逐渐扩大面积，并把弱鸭分开饲养。生长期光照不宜过强，一般为 $1.5W/m^2$，灯距鸭床 2m，白天可利用自然光，整个夜间可用灯光照明。经过育肥的鸭，7~8周龄体重可达 2.7kg 以上，此时即可上市。上市前停料 4~6小时以防消化道存食过多，易造成装运过程中的死亡。

（二）蛋鸭的饲养管理

1. 育雏期

雏鸭质量好坏直接影响以后的生长发育、成活率及成鸭的生产力和利用价值，因此必须选择健壮雏鸭和正确鉴别公母。鉴别公母主要有肛门鉴别法、外形鉴别法和鸣管鉴别法。雏鸭体温调节能力差新陈代谢旺盛，因此育雏期掌握好温度、湿度、光照，通风和饲养密度，给予营养完全的饲料和干净饮水。育雏舍温度保持在 32℃ 左右，随日龄增长逐渐降温，但每天温差最大不能超过 4℃，最低温度不低于 15℃。饲养密度，1~3 周龄时 25 只/平方米，此后逐渐减少饲养密度，在 4周龄时达到 7~8 只/平方米为宜。

2. 育成期

育成期是蛋鸭体质和生殖器官充分发育，长羽毛的时期，此时需充分运动和锻炼，因此需要有较大运动场，同时要防挤伤，密度控制在 10~12 只/平方米为宜。育成期要注意控料，以防鸭过肥而出现早产。开放式鸭舍育成期光照为自然光照，不补充光照。开产前的体重应达到 1500~1750g。

3. 产蛋初期

指开始产蛋到 60% 产蛋率之间时期（151~200 日龄），此间应尽快推向产蛋高峰，因此应供给蛋白水平较高营养全面的饲料，增加饲喂次数，白天 3 次，夜间 9~10 时增喂一次，平均喂料为 150 克/只。光照逐渐增加，每 7 天增加一次，每次 1 小时，直到每天 16 小时为止。

4. 产蛋中期

指 60% 产蛋到高峰结束为止（301～400 日龄），高峰期供给蛋鸭蛋白质达到 20% 的全价配合饲料，并补充多种维生素和钙。每日稳定光照 16 小时，温度维持在 5℃～27℃。为充分发挥蛋鸭的生产效益，此间必须不断挑选出弱鸭、残鸭和寡产鸭予以淘汰。产蛋水平一旦下降很难恢复。

5. 产蛋后期

日龄在 401～500 天的鸭为产蛋后期，产蛋率开始下降，此时要根据体重与产蛋率来决定饲喂方法。若体重减轻但产蛋率维持在 80% 左右时要增加动物性蛋白；若体重增加产蛋率高要降低饲料中的代谢能或增喂青料，蛋白质水平维持不变。当产蛋率下降至 60% 时就要开始降低饲料水平，增加光照时间至 17 小时，当降到料蛋比不划算时，则予以整群淘汰。

（三）种鸭的饲养管理

饲养种鸭和饲养蛋鸭方法基本相同，对种鸭除了要求较高的产蛋率外，还需有高的受精率和孵化率，以孵出好的雏鸭，因此对饲养种鸭要求更高。

1. 公鸭

公鸭对提高受精率作用大，因此必须体质健壮，性器官发育健全，精子活力好。选择时必须认真挑选，一般比母鸭早 1～2 个月挑选，在产蛋前公鸭已达到性成熟。性成熟之前最好分群饲养，配种前 20 天左右再放入母鸭群中。

2. 营养

种鸭饲料中蛋白质要求比蛋鸭要高并保证必需氨基酸的供给，如蛋氨酸、赖氨酸和色氨酸等，并补充维生素，日粮中维生素 E 的含量不低于 20mg，可以提高受精率和孵化率。

3. 种鸭的管理

提供干燥清洁安静的环境，注意通风换气，早放鸭，迟关鸭，增加种鸭户外活动时间，增强体质，延长配种时间，种蛋要及时收集，及时入孵。公母配比要控制好，早春季节气温低是，每100只母鸭放5只公鸭，夏秋季节气温高时，每100只母鸭只需放3~4只公鸭即可。全年受精率应维持在90%以上。

第七节　鸭病防治与环境卫生

一、鸭场疫病的现状

（一）疫病种类不断增加

近年来，随着我国养殖规模的急剧扩大，鸭肠中的疫病种类不断增加，原有的传染病（如鸭瘟、雏鸭病毒性肝炎等）还没消灭，新的传染病又不断出现，如鸭流感、传染性浆膜炎等。

（二）混合感染、继发感染病例频繁发生

一些混合感染的病原之间存在协同致病作用，同时感染会引起症状加剧。常见的混合感染和继发感染有：鸭流感和大肠杆菌病、鸭流感和传染性浆膜炎、大肠杆菌和慢性呼吸道病、沙门氏菌和传染性浆膜炎等，成为鸭病防治的一大难点。

（三）蛋传疾病普遍存在

主要包括沙门氏菌病、鸭支原体病、雏番鸭细小病毒病等。蛋传疾病难以根除，危害持久，也成为危害生产的重要疫病。

（四）病原耐药性问题突出

由于生产中过度依赖抗生素防治疫病，耐药性问题越来越严重，在滥用药物的鸭场这种情况更为显著，导致多种病菌成

为多重耐药菌，难以控制。

（五）寄生虫发生机会增加

由于集约化的密闭式养殖，密度大，数量多，时间长，为寄生虫病的传播提供了条件。鸭群感染寄生虫后发病和死亡率低，但精神差、采食少、生长缓慢、产蛋减少，导致经济效益明显下降，其损失也不亚于传染病。

二、鸭场的防疫卫生制度

要搞好鸭病防治，必须执行"预防为主""防重于治""养防并重"的方针，采取综合性卫生防疫制度，发病后辅以积极治疗，保证鸭群健康。

（一）加强饲养管理

采用"全进全出"饲养方式，提供适宜的环境条件，如温度、湿度、光照、密度和通风等。保证舍内空气清新，根据不同阶段提供优质营养的饲料，科学饲养，减少应激，提高群体抵抗力。

（二）严格消毒

消毒是生物安全体系中重要的环节，也是养殖场控制疫病的重要措施。杜绝传染来源，鸭舍的进出口处、车辆、人员、鸭舍、用具均必须定期有效消毒、灭虫，从而减少鸭群北病原感染的机会。

（三）免疫接种

免疫是预防、控制疫病的重要辅助手段，也是最有效的生物安全措施。应根据本地疫病流行状况，动物来源和遗传特征，在兽医主管部门的指导下，选择合适的疫苗和免疫程序。免疫后，有条件的鸭场应定期对免疫效果进行检测，随时掌握鸭群的免疫水平。

三、常见病的防治

（一）禽流感

禽流感是由正黏病毒科 A 型禽流感病毒引起的禽类的一种急性高度接触性传染病。雏鸭感染后发病率和死亡率都很高。

1. 临床症状

图 2 - 1　扭颈扭转

图 2 - 2　流带泡沫眼泪

高致病性禽流感（如 H5N1）：主要表现为突然发病，发病后急剧死亡。发病稍慢的体温升高，精神沉郁，采食下降，呼吸困难，头颈扭转，出现瘫痪等神经症状，头、腿部肌肉出血，鸭蹼出血，蛋鸡产蛋率下降。

低致病性禽流感（如 H9N2）：主要表现突然发病，体温升高，精神沉郁，嗜睡，采食下降，排黄绿色稀便。不同程度的呼吸困难，眼睛肿胀流泪，后期分泌黄白色脓性分泌物，产蛋下降。

2. 剖检病变

主要剖检病变为鸭心冠脂肪、心外膜、心内膜出血，心肌有黄白色条纹状坏死。肌肉出血，腹部脂肪出血斑，纤维乳头出血，腺胃黏膜可呈点状或片状出血，喉头气管出血，肺坏死，消化道大面积出血，肝脏、肾脏、脾脏肿大。蛋鸭卵泡膜出血、变形，严重时破裂。形成卵黄性腹膜炎。

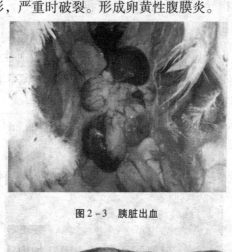

图 2 - 3　胰脏出血

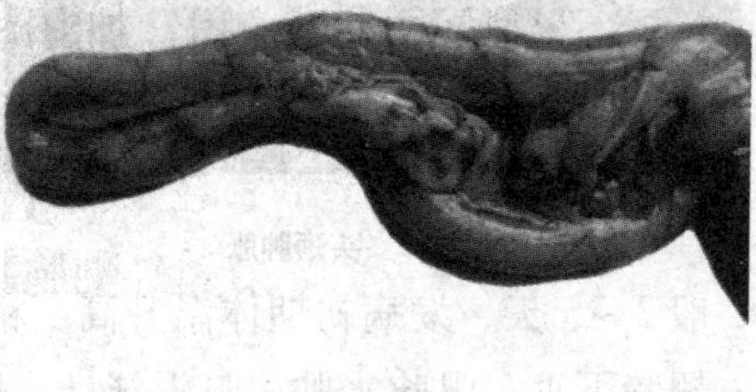

图 2 - 4　卵泡膜出血

3. 防控措施

（1）加强饲养管理。做好日常管理和消毒工作，适当使用抗病毒药物，有一些早期预防的作用。

（2）做好无害化处理。该病为一类传染病，一旦爆发，对病死鸭一定要严格按要求进行无害化处理，切不可将其随便乱扔。

（3）做好预防接种工作。鸭群要做好 H5N1 和 H9N2 的预防接种工作，接种后应定期检测其抗体，保证免疫效果。

（4）发现病例及时上报。一旦发现可疑病例，应立即向当地兽医部门报告，同时对病鸭进行封锁隔离，一旦确诊，应在相关部门指导下进行无害化处理和消毒工作。

（二）鸭瘟

鸭瘟是由鸭瘟病毒引起的鸭的一种急性败血性传染病，俗称"大头瘟"，又名鸭病毒性肠炎。该病发病率和死亡率很高，一旦感染，往往引起大批死亡。

1. 临床症状

图 2-5　头颈肿胀

潜伏期一般 3～5 天，发病初期体温升高，精神萎靡，病鸭两腿发软，翅膀下垂。眼睑水肿，眼泪汪汪，眼结膜出血。

排绿色或灰白色稀便，肛门周围羽毛被污染并结块。病鸭头和颈部肿大，鼻腔有稀薄或黏稠分泌物。

图2-6 排绿色和灰白色稀便

2. 剖检病变

头、颈部皮肿胀，切开有淡黄色透明液，口腔黏膜表面有淡黄色假膜覆盖，食管黏膜表面散在覆盖灰黄色假膜，假膜易剥离，后留有溃疡。腺胃黏膜有出血斑，有时腺胃与食道膨大部交界处有一灰黄色坏死带或出血带，肠黏膜充血、出血和炎症。泄殖腔黏膜病变与食道相似。肝脏稍肿大，早期有出血点，后期出现大小不等灰黄色坏死点，卵泡出血与变形。

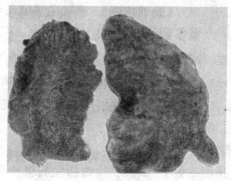

图2-7 泄殖腔黏膜出血

151

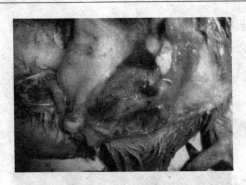

图2-8 肺脏出血

3. 防控措施

（1）严格引种。不从疫区引种种鸭、鸭苗或种蛋。从外地引种时，一定要经过严格检查，隔离饲养一定时间，才能并群。

（2）免疫接种。目前国内使用的鸭胚弱毒疫苗安全有效，应结合养殖情况，选择适当的疫苗科学制定免疫程序，一般肉鸭7日龄首免，20日龄左右二免。种鸭和蛋鸭7日龄首免，20日龄二免，开产前10～15天加强免疫1次，以后每隔3～4个月再免疫1次。

（3）发病后治疗。一旦发病，应肌注鸭瘟弱毒苗，一般在接种后1周内死亡率显著降低。

（三）鸭病毒性肝炎

鸭病毒性肝炎是由鸭肝炎病毒引起的一种雏鸭急性高度致死性传染病。以发病急、传播快、死亡率高为特征，主要表现为角弓反张、肝脏出血、肿大。

1. 临床症状

该病潜伏期一般1～2天，雏鸭初发病精神萎靡，缩颈，翅下垂，常蹲下，眼半闭，厌食。发病后全身抽搐，病鸭多侧卧，头扭向后背呈"背脖"状，两脚痉挛性反复踢蹬，喙端和爪尖瘀血呈暗紫色。死亡时间为数分钟至数小时。

2. 剖检病变

肝脏肿大，质地脆弱，色暗或发黄、表面有出血斑点，胆囊肿胀，胆汁呈褐色或淡绿色，脾脏肿大呈斑驳状，心肌呈淡灰色，质软有瘀血，似沸水煮样，肺脏出血。

3. 防控措施

（1）加强管理。加强环境卫生管理，严格执行全进全出饲养管理制度及检疫、消毒制度。

（2）预防接种。免疫接种是控制该病的有效措施之一。目前常用的疫苗为鸭肝炎鸡胚化弱毒疫苗和鸭胚组织灭活油疫苗，但在生产实践中，一般使用弱毒疫苗。种鸭一般产蛋前30天用弱毒苗首免，间隔两周后二免；高母源抗体雏鸭在 7～10 日龄首免，无母源抗体雏鸭 1～3 日龄进行首免。

（3）治疗。采用康复鸭高免血清或免疫母鸭卵黄匀浆进行治疗效果较好。

（四）禽霍乱

又名禽巴氏杆菌病或禽出血性败血症，是由多杀性巴氏杆菌的某些血清型引起一种接触性、败血性传染病，一般分为急性型和慢性型。急性型主要病理特征为浆膜和黏膜上有广泛出血点的败血症状，慢性型主要表现为关节炎。

1. 临床症状

按病程长短可分为最急性、急性和慢性三种。

（1）最急性型：几乎无明显症状，突然抽搐，倒地死亡，或当晚表现正常，次日早晨已死亡。

（2）急性型：病鸭表现精神委顿，体温升高，不愿下水，羽毛松乱，食欲减少，口渴，嗉囊积食式积液。口和鼻流出黏液，呼吸困难。排白色或绿色稀粪，有时粪便混有血液。

（3）慢性型：消瘦、腹泻，一侧或双侧关节肿胀，局部发热、疼痛，行走困难或跛行。

2. 剖检病变

最急性病鸭尸体无特异病变，或仅在心冠脂肪，心外膜有出血点及出血斑。急性病例在皮下、呼吸道、消化道黏膜、腹腔浆膜和脂肪处有小点出血，尤以十二指肠严重。肝脏肿大，质地脆呈暗红色，表面有灰白色针头坏死点及出血点。慢性型关节、腱鞘等含脓性干酪样物。

3. 防控措施

（1）加强饲养管理。加强鸭群饲养管理，严格执行全进全出饲养管理制度，严格消毒。

（2）预防接种。目前常用的疫苗为禽霍乱荚膜亚单位苗或禽霍乱蜂胶灭活疫苗。肌注后一般免疫期可达半年。

（3）治疗。青霉素、链霉素、头孢类和磺胺类都有较好治疗作用。患病鸭群还可用猪源抗禽霍乱高免血清进行紧急免疫。

（五）鸭传染性浆膜炎

鸭传染性浆膜炎是由鸭疫巴氏杆菌引起的雏鸭的一种慢性或急性败血型传染病，引起小鸭大批死亡以及发育迟缓。主要特征为纤维素性心包炎、肝周炎、气囊炎及关节炎。

1. 临床症状

按病程可分为最急性、急性和慢性型。最急性病例看不到明显症状而突然死亡。急性病例表现嗜睡、缩颈、喙抵地面、行动不便、厌食，眼和鼻孔有浆液分泌物，粪便呈绿色或黄绿色，部分小鸭濒死出现神经症状抽搐而死。慢性并列一般出现在 4~7 周龄鸭，病程可达 1 周，症状较轻，死亡率较低，但发育不良。

2. 剖检病变

最主要的特征性病变是心包膜、肝表面和气囊浆膜表面有纤维素性渗出物，渗出物可部分干酪化形成纤维素性心囊炎，肝周炎或气囊炎。

3. 防控措施

（1）加强饲养管理。加强鸭群饲养管理，改善育雏卫生条件，特别要通风良好、禽舍干燥、注意防寒保暖等。

（2）预防接种。目前常用的疫苗为 1、2、4、5 型，铝胶复合佐剂四价灭活苗，油乳佐剂疫苗等。由于鸭疫巴氏杆菌血清型众多，因此应考虑当地流行主要毒株进行免疫。

（3）治疗。应用磺胺类、头孢类、庆大霉素等药物治疗，效果良好。

（六）鸭大肠杆菌性败血症

是由革兰氏阴性埃希氏大肠杆菌引起的急性败血性传染病，其病变特征为心包炎、气囊炎、肝周炎、腹膜炎。

1. 临床症状

病鸭表现为精神沉郁，不运动，厌食，眼和鼻常有分泌物，有时下痢。雏鸭常表现为衰弱、闭眼昏睡、腹膨大，少数伴有呼吸症状。

2. 剖检病变

主要在心包膜、心内膜、肝脏和气囊，表面有纤维素渗出物，肝脏、脾脏肿大，剖开腹腔时有腐败气味并见渗出性腹膜炎、肠炎，偶见肺出血和水肿。

3. 防控措施

（1）加强饲养管理。加强鸭群饲养管理，要从无大肠杆菌病的种鸭场引进种蛋或雏鸭。

（2）种蛋消毒。入孵前应进行熏蒸或浸泡消毒，种蛋要及时清洁表面的污物。

（3）预防接种。大肠杆菌血清型众多，因此应考虑当地流行主要毒株进行免疫。

（4）治疗。大肠杆菌对卡那霉素、头孢类、磺胺等药物均敏感，但长期使用易产生耐药性，因此用药前应进行药敏试验，且应交替用药。

（七）鸭沙门氏菌病

又名鸭副伤寒，是由沙门氏菌引起的鸭的急性或慢性传染病，疾病特征为严重下痢，并引起雏鸭大批死亡。

1. 临床症状

3 周龄内雏鸭发病，常呈败血症经过，往往无症状而大批死亡羽；1 月龄左右鸭感染后毛松乱，两翅张开或下垂、腿软，下痢腥臭，泄殖腔周围羽毛常沾满粪便，个别呼吸困难或关节肿胀，死亡率不高。成年鸭不表现明显症状。

2. 剖检病变

初生雏鸭主要为卵黄吸收不全和脐炎即"大肚脐"，肝脏稍肿，肠黏膜有炎症或出血。日龄较大的为肝肿胀，表面有黄灰色小点坏死状；盲肠肿胀，呈斑驳花纹状，内有干酪样的团块；直肠和小肠后段肿胀，呈卡他性或出血性炎症；气囊混浊，附有黄色纤维素团块。个别有心包炎、心外膜或心肌炎，肾脏发白，内有尿酸盐沉积。

3. 防控措施

（1）加强饲养管理。加强鸭群饲养管理，雏鸭和成年鸭要分开饲养，防止直接或间接传染。

（2）种蛋消毒。种蛋外壳切勿沾污粪便、入孵前应进行熏蒸或浸泡消毒，种蛋要及时清洁表面的污物。

（3）预防接种。副伤寒沙门氏菌血清型众多，因此应考虑当地流行主要毒株进行免疫。

（4）治疗。多西环素、头孢类、磺胺类药物，对本病有较好疗效。

（八）鸭球虫病

它是鸭球虫引起的一种死亡率极高的寄生虫病，主要特征为出血性肠炎。

1. 临床症状

急性病例为精神委顿、厌食、缩颈、渴欲增加等症状，病初拉稀，随后排血便，粪便呈暗红色或深紫色，多数在第 2 ~ 5 天内死亡。耐过的病鸭死亡减少，但生长发育迟缓。慢性病例症状不明显，偶见拉稀，成为球虫携带者和散播疫病的传染源。

2. 剖检病变

严重者整个小肠呈泛发性出血，肠壁肿胀，黏膜上密布针尖大小出血点，有的见红白相间小点或有淡红或深红色胶冻状血性黏液。个别见回肠后部和直肠轻度充血，偶尔在回肠后部黏膜上见有散在出血点。

3. 防控措施

（1）加强饲养管理。加强鸭群饲养管理，粪便要及时清除，雏鸭和成年鸭要分开饲养，饲槽饮水及用具要定期消毒。

（2）药物预防。在球虫病流行季节，可采用磺胺类药物、氨丙啉、球虫宁、新球虫粉等药物混于饲料中喂服，投药 4 ~ 5 天。

（4）治疗。上述药物均比本病有一定的治疗作用，球虫对药物容易产生耐药性，因此要注意交易换药，同时在投药时应补充适量的维生素。

主要参考文献

［1］岳永胜．养鸭手册［M］．北京：中国农业大学出版社，2005.

［2］胡薛英，熊家军．养鸭必读［M］．武汉：湖北科学技术出版社，2006.

［3］陈烈．科学养鸭［M］．北京：金盾出版社，2008.

［4］刘福柱，张彦明，牛竹叶．最新鸡鸭鹅饲养管理技术大全［M］．北京：中国农业出版社，2002.

［5］张守然，刘健．肉鸡快速养殖技术［M］．呼和浩特：内蒙古人民出版社，2009.

［6］赵聘，黄炎坤．家禽生产技术［M］．北京：中国农业大学出版社，2011.

［7］黄炎坤，钱林东，赵云焕．家禽生产［M］．郑州：河南科学技术出版社，2012.

［8］陈大君，杨军香．肉鸡养殖主推技术［M］．北京：中国农业科学技术出版社，2013.

［9］韩占兵，黄炎坤．现代养鸡生产技术［M］．郑州：中原农民出版社，2014.

［10］李银燕．养禽与禽病防治［M］．银川：宁夏人民出版社，2014.

［11］陈钟鸣，杨自军．养鸡与鸡病防治［M］．北京：中国农业出版社，2005.

［12］王亚宾．鸡病防控关键技术［M］．郑州：中原出版传媒集团中原农民出版社，2013.

［13］刘建钗，刘彦威．鸡传染病形态学诊断与防控［M］．北京：化学工业出版社，2014.

［14］谷风柱，李玉保，刁有江．肉鸡疾病诊治彩色图谱［M］．机械工业出版社，2014.

［15］孙卫东，蒋加进．鸭鹅病快速诊断与防治技术［M］．机械工业出版社，2014.

［16］赵云焕，赵聘．规模化养鸡实用新技术［M］．郑州：河南科学技术出版社，2016.

［17］张乔．饲料添加剂大全［M］．北京：工业大学出版社，1998.

［18］邱祥聘．家禽学［M］．成都：四川教育出版社，2006.

［19］张学余．蛋鸡饲养关键技术［M］．北京：中国农业出版社，2014.

［20］朱元招，葛金山，孙小恒，等．低磷日粮对蛋鸡产蛋性能和血清钙磷的影响［J］．饲料研究．2 010，6：57 - 60.

［21］张桂国，李彦，李显耀．健康养肉鸭关键技术［M］．北京：化学工业出版社，2014.

［22］贺晓霞．肉鸡规模化健康养殖彩色图册［M］．湖南：湖南科技大学出版社，016.

［23］赵云焕，赵聘．规模化养鸡实用新技术［M］．河南：河南科学技术出版社，2016.

[24] 纪守学，周丽荣．散养鸡饲养管理［M］．北京：化学工业出版社，2016.

[25] 陆雪林，袁红艳．山鸡养殖技术指南［M］．北京：中国农业科学技术出版社，2016.